工程测量技术研究

张一凡 著

中国原子能出版社
China Atomic Energy Press

图书在版编目（CIP）数据

工程测量技术研究 / 张一凡著 ． -- 北京 ： 中国原子能
出版社，2019.1（2021.9重印）

ISBN 978-7-5022-9484-7

Ⅰ．①工… Ⅱ．①张… Ⅲ．①工程测量—研究 Ⅳ．
① TB22

中国版本图书馆 CIP 数据核字（2018）第 260138 号

工程测量技术研究

出版发行	中国原子能出版社（北京海淀区阜成路 43 号 100048）
责任编辑	徐　明
责任校对	冯莲凤
责任印制	潘玉玲
印　　刷	三河市南阳印刷有限公司
经　　销	全国各地新华书店
开　　本	787 毫米 × 1092 毫米　1/16
印　　张	7.5　　　**字　　数**　160 千字
版　　次	2019 年 1 月第 1 版　　2021 年 9 月第 2 次印刷
标准书号	ISBN 978-7-5022-9484-7　　　**定　　价**　50.00 元

网　　址 http://www.aep.com.cn　　E-mail: atomep123@126.com

发行电话：010-68452845　　　　**版权所有　侵权必究**

前　言

　　工程测量学是测绘学的重要分支，也是一门技术性、应用性很强的学科。它涵盖工业与民用建筑、轨道交通、水利等建设领域，贯穿于工程建设的始终，直接为工程建设服务。在传统的工程测量技术中，它基本的服务内容有放样和测图两个部分。随着科学技术的不断进步和发展，现代的工程测量已经突破了传统的服务理念，它不仅包含了静态的工程，同时也包含了对动态工程的物理测定及结果分析，甚至对物体发展的变化趋势，也可以做出详细的预报。

　　本书将传统的测量技术与最新的技术柜结合，在介绍新技术的同时，注意精选、保留传统测量技术的基本内容，增加了有关建筑施工测量的基本内容，使知识覆盖面更广，希望对广大读者有所帮助。

　　本书在编写过程中引用了一些学者的学术成果，在此深表感谢。由于编者水平有限，书中难免存在缺点和错误，敬请读者批评指正。

目　　录

第一章　绪　　论·························· 1

　　第一节　工程测量研究的对象与特点—·············· 1

　　第二节　工程测量研究的任务和作用—·············· 3

　　第三节　测量工作的基本内容和原则—·············· 7

　　第四节　工程测量的发展趋势及工作岗位要求··········· 8

第二章　测量工作的基本技能················ 13

　　第一节　高程测量中的水准测量—··············· 13

　　第二节　角度测量—······················ 24

　　第三节　距离测量—······················ 35

　　第四节　小地区控制测量与GPS测量·············· 42

第三章　测绘与应用····················· 59

　　第一节　大比例地形图的测绘与应用··············· 59

　　第二节　全站仪的测绘与应用·················· 70

第四章　施工测量的基本工作··············· 80

　　第一节　施工测量的概述··················· 80

　　第二节　放样的基本工作··················· 82

　　第三节　平面点位的放样··················· 86

第五章　建筑施工测量··················· 89

　　第一节　建筑施工控制测量·················· 89

　　第二节　民用建筑的施工测量·················· 92

　　第三节　工业建筑的施工测量·················· 99

第四节　建筑物的变形观测 ·· 102

第五节　竣工测量 ··· 105

参考文献 ··· 108

第一章 绪 论

本章主要介绍工程测量的基础知识，工程测量的定义，研究的对象、特点及分类；工程测量的主要研究任务和作用；测量工作的基本内容和原则；工程测量的发展趋势及从业人员的工作岗位要求等。

第一节 工程测量研究的对象与特点

一、工程测量研究的对象与特点

（一）工程测量的定义

工程测量是一门应用学科，它是研究地球空间中具体几何实体测量和抽象几何实体测量的理论、方法和技术，主要应用在工程与工业建设、城市建设与国土资源开发，水陆交通与环境工程的减灾救灾等事业中，进行地形和相关信息的采集与处理、施工放样、设备安装、变形监测与分析预报等方面的理论和技术，以及与之有关的信息管理与使用。

（二）工程测量的对象及特点

工程测量服务对象众多，所以它所包括的内容非常广泛。按照服务对象来划分，其内容大致可分为工业与民用建筑工程测量，水利水电工程测量，铁路、公路、管线、电力线架设等线路工程测量，桥梁工程测量，矿山工程测量，地质勘探工程测量，隧道及地下工程测量等。工程测量按照工程建设的顺序和相应作业的性质来看，可将工程测量的内容分为以下三个阶段的测量工作：

（1）勘测设计阶段的工作。工程在勘测设计阶段需要各种比例尺的地形图、纵横断面图及一定点位的各种样本数据，这些都是必须由测量工作来提供或到实地定点、定线。

（2）施工阶段的测量工作。设计好的工程在经过各项审批后，即可进入施工阶段。这就需要将设计的工程位置标定在现场，作为实际施工的依据。在施工过程中还需对工程进行各种监测，确保工程质量。

（3）工程竣工后营运管理阶段的测量工作。工程竣工后，需测绘工程竣工图或进行工程最终定位测量，作为工程验收和移交的依据。对于一些大型工程和重要工程，还需对其安全性和稳定性进行监测，为工程的安全运营提供保障。

可见，工程测量就是围绕着各项工程建设对测量的需要所进行的一系列有关测量理论、方法和仪器设备进行研究的一门学科，它在国民经济建设中和国防建设中起到了极其重要的作用。

二、工程测量的分类

对于不同的工程，其具体内容有所不同，现举其中几例来说明。

（一）工业与民用建筑工程测量

工业与民用建筑工程测量是指工业与民用建筑工程在勘测、设计、施工、竣工验收和运营管理过程中的测量工作。具体有以下工作：

（1）测绘地形图。在勘测设计阶段，为了给建筑物的具体设计提供地形资料，需在建筑区进行测绘地形图、纵横断面图、定点放样等测量工作。由于其测量工作只是在很小的区域进行的，因此作业过程中可以不顾及地球曲率影响，只需按常规作业程序进行作业即可满足精度要求。

（2）利用地图。建筑物的设计方案力求经济、合理、实用、美观、环保，需要应用地图制图学的理论和方法在图上测量距离、角度等要素，确定建筑物在图上的具体位置，并为标定到现场提供测量数据。

（3）工程放样。建筑物进入施工阶段就需要根据它的设计图纸，按照设计要求，通过测量的定位、放线和标高测量，将其平面位置标定到施工的作业面上。另外，在施工过程中还要随时对建筑物进行安全监测，为施工提供依据，指导施工。

（4）竣工及营运管理中测量工作。建筑物竣工后，需测绘竣工图及其他点、线位置，作为验收的依据。交付使用后，还需对其进行沉降、水平位移、倾斜、挠度、裂缝观测，从而监视该建筑物在各种外界因素的影响下的安全性和稳定性，为建筑物的安全使用提供测绘保障。

（二）线路工程测量

线路工程包括公路、铁路、输电线、输油线路、灌渠以及各种地下管线等工程。各种线性工程在勘测设计、施工建设和竣工验收及营运管理阶段的测量工作统称为线路工程测量。

线路初测是根据计划任务书确定的修改原则和线路的基本走向，通过对几条有比较价值的线路进行实地勘测，从中确定最佳方案，为编制初步设计文件提供资料。测量的主要内容有控制测量，高程测量，纵、横断面测量和地形测量。

线路定测是根据批准的初步设计文件和确定的最佳线路方向及有关构筑物的布设方案将图纸上初步设计的线路和构筑物位置测设到实地，并根据现场的具体情况，对不能按原设计之处做局部线路调整，为施工图提供设计资料。它包括中线测量，高程测量，纵、横断面测量。

（三）地质矿山工程测量

通常将配合地质找矿、矿物开采工作的各种测量工作统称为地质矿山工程测量。其中配合地质技术找矿方法的测量工作叫地质勘探工程测量；配合地球物理勘探和地球化学勘探技术找矿方法的测量工作叫物化探测量；配合矿物开采的测量工作叫矿山工程测量。地质矿山工程测量主要工作有以下几个方面内容：

（1）按地质勘查工作的需要，提供矿区的控制测量和各种比例尺的地形图等基本测绘资料。

（2）根据地质勘探工程的设计，在实地定点、定线，为提供工程的施工位置和方向，指导地质勘探工程的施工。

（3）及时准确地测定已竣工工程的坐标和高程，为编写地质报告和储量计算提供必要的测绘数据和资料。

（4）在矿山设计、施工和生产阶段测绘各种大比例尺地形图，进行建筑物及构筑物的放样、设备的安装测量、线路测量等工作，生产时随时需要进行巷道标定与测绘、储量管理和开采监督、岩层与地表变化的观测与研究、露天矿边坡稳定性观测与研究等。

（四）军事工程测量

军事工程测量是在军事工程建设的勘测设计、施工建设和运营管理阶段所进行的测量工作，为各种军事工程建设提供精确数据、地形图等，保障工程建设按照设计竣工和安全有效地使用。其主要包括军用道路测量、地下军事工程测量、军港测量、机场测量、靶场工程测量、军事设施测量及军事工程建筑物和构筑物的变形观测等。

第二节　工程测量研究的任务和作用

一、工程测量的主要研究任务

工程测量的主要研究任务包括：提供模拟或数字的地形资料；进行测量及其有关信息的采集和处理；建筑物的施工放样；大型精密设备的安装和调试测量；工业生产过程的质量检测和控制；各类工程建设物、矿山和地质病害区域的变形监测、机理解释和预报；工程测量专用仪器的研制与应用；与研究对象有关的信息系统的建立和应用等。

（一）地形图测绘

在工程规划设计中所用的地形图一般比例尺较小，根据工程的规模可直接使用 1:1 万至 1:10 万的国家地形图系列。对于一些大型工程，往往需要专门测绘区域性或带状性地形图，一般采用航空摄影测量，用模拟法、解析法或全数字化法测图。而对于 1:2000~1:5000 的局部性或带状地形图，则采用地面测量方法用模拟的白纸成图或数字化机助成图法进行测绘。在施工建设和运营管理阶段，往往需要测绘 1:1000、1:500 乃至更大比例尺的地形图、竣工图或专题图，一是满足施工设计和管理的需要，二是满足运营管理的需要。竣工图或专题图应与地籍图测绘相结合。各种大比例尺图是工程信息系统或专题信息系统的基础地理信息。

（二）控制网布设

为工程建筑物的施工放样、验收及其他测量工作建立平面控制网和高程控制网。首级平面控制网常用高精度测角网、边角网或电磁波导线等形式布设，再以插网、插点或导线加密。随着 GPS 技术的推广和应用，在许多大型工程中已开始采用 GPS 建立平面施工控制网，并用动态 GPS 技术进行施工放样工作，这对提高施工测量的效率是十分有益的。首级高程控制网一般为高精度的水准网，然后以较低等级的附和水准路线或节点水准网加密，地形起伏较大时，则用电磁波三角高程测量或解析三角高程测量代替相应等级的水准测量。

（三）建筑物施工放样

将设计的抽象的几何实体放样（或称测设）到实地上成为具体几何实体所采用的测量方法和技术称为施工放样，机器和设备的安装也是一种放样。放样与测量的原理相同，使用的仪器和方法也相同，只是目的不一样。施工放样一般采用方向交会法、距离交会法、方向距离交会法、极坐标法、坐标法、偏角法、偏距法、投点法等。除常规的光学、电子经纬仪，水准仪，全站仪外，还有一些专用仪器。目前，GPS 技术亦可用于工程的施工放样、施工机械导航定位和建筑物构件的安装定位。

（四）建筑物竣工测量

工程建设项目竣工验收时所进行的测量工作称为竣工测量，其主要目的是根据控制网点测定已有建筑物的实际位置以及部分建筑物的几何形体，以检验施工质量，为工程的验收、决算、维护等工作提供依据。竣工测量的成果主要包括竣工总平面图、分类图、辅助图、断面图、道路曲线元素、细部点坐标、高程明细表等。它们综合反映了工程竣工后主体工程及其附属工程的现状，是今后工程运营管理和维护所必需的基础技术资料，也是工程改建、扩建设计的依据。

（五）建筑物变形监测

工程建筑物及与工程有关的变形的监测、分析和预报是工程测量学的重要研究内容。变形分析和预报除了需要对变形观测数据进行处理外，还涉及工程、地质、水文、应用数学、系统论和控制论等学科，属于多学科的交叉领域。变形监测技术几乎包括了全部的工程测量技术，除常规的仪器和方法外，还大量地使用各种传感器和专用仪器。

二、工程测量研究的作用

工程测量学科的发展，与现代科学技术的发展水平和人类社会的生产活动等密切相关。随着学科的发展，工程测量已由历史的土木工程测量向广义工程测量发展，即不属于地球测量，不属于有关国家地图集的陆地测量和不属于公务测量的实际测量课题，都属于工程测量。

工程测量在我国的社会主义现代化建设中发挥着巨大的作用。

（一）工业方面

在工业方面，各种工业厂房的建设，设备的安装、调试都要进行工程测量。

（二）交通运输方面

在交通运输方面，各种道路的建设、隧道的贯通、桥梁的架设、港口的建设，如康藏公路、兰新铁路、安康铁路、成昆铁路等都离不开工程测量，工程测量是完成这些工程的重要保证。

因为，道路工程测量工作在道路工程建设中起着重要的作用。在公路建设中，为获得一条最经济、最合理的路线，首先要进行路线勘测，绘制带状地形图和纵、横断面图，进行纸上定线和路线设计，并将设计好的路线平面位置、纵坡及路基边坡等在地面上标定出来，以便指导施工。当路线跨越河流时，拟设置桥梁之前，应测绘河流两岸的地形图，测定桥轴线的长度及桥位处的河床断面，为桥梁方案选择及结构设计提供必要的数据。当路线穿越高山，采用隧道时，应测绘隧址处地形图，测定隧道的轴线、洞口、竖井等的位置，为隧道设计提供必要的数据。

总之，道路、桥梁、隧道的勘测、设计、施工等各个阶段都离不开测量技术。因此，作为一名从事道桥专业的技术人员，必须具备测量学的基本理论、基本知识和基本技能，才能为我国的交通建设事业做出贡献。

（三）水利建设方面

在水利建设方面，各种水库、水坝及引水隧洞，水电站工程，例如三峡工程、长江葛洲坝工程、黄河小浪底工程及二滩电站、南水北调工程等，这些工程不仅在清理地基、浇灌基础、竖立模板、开挖隧道、建设厂房和设备安装过程中需要进行工程测量，而且在建成后还需进行长期的变形观测，监测大坝和河堤的安全。

（四）国防工业和军事工程建设方面

国防工业和军事工程建设方面，配合各种武器型号的试验，卫星、导弹和其他航天器的发射，都进行了大量的军事工程测量工作。工程测量为其提供了可靠的保障。

工程测量在国家建设中的作用越来越突出，其与其他学科也产生了越来越紧密的联系。一方面，它需要应用测量学、摄影测量与遥感、地图制图、地理学、环境科学、建筑学、力学、计算机科学、人工智能、自动化理论、计量技术、网络技术等新技术、新理论解决工程测量中的难题；另一方面，通过在工程测量中的应用，使这些新的科学更加富有生命力。例如：GPS、GIS 和 RS 应用于工程勘测、资源开发、城市和区域专用信息管理系统及工程管理信息数据库；CCD 固态摄影机使立体视觉系统迅速发展，应用到三维工业测量系统中；机器人技术应用于施工测量自动化，传感器技术和激光技术、计算机技术促进了工程测量仪器的自动化。这些新技术、新理论不断充实工程测量，成为工程测量不可缺少的内容，同时也促进了工程测量学科的发展和应用。

工程测量在工程建设的各个阶段都起着重要的作用。具体来说：在工程勘测阶段，测绘地形图为规划设计提供各种比例尺地形图和测绘资料；在工程设计阶段，应用地形图进行总体和详细规划设计；在工程施工阶段，要将图纸上设计好的建筑物、构筑物的平面位置和高程按设计要求测设到实地，以此作为施工的依据；在施工过程中，进行土方开挖、基础和主体工程的施工测量；在施工过程中，还要经常对施工和安装工作进行检验、检核，以保证工程符合设计要求；工程竣工后，还要进行竣工测量和测绘工程竣工平面图，供日后工程的扩建和维修之用；在工程管理运营阶段，要对建筑物和构筑物进行变形观测，以保证工程的安全使用。

由此可见，工程测量不仅服务于工程建设的每一个阶段，贯穿于工程建设的始终，而且测量的精度和速度直接影响到整个工程的质量和进度，因此工程技术人员必须掌握工程测量的基本理论、基本知识和基本技能，掌握常用的测量仪器的使用方法，初步掌握小地区大比例尺地形图的测绘方法，正确掌握地形图的应用方法，以及具有一定的施工测量的能力。

第三节 测量工作的基本内容和原则

一、测量工作的基本内容

任何工作都有一定的内容，实施时必须遵循一定的原则，按照一定的程序，才能做到有条不紊，保证质量。测量工作的目的是为了确定地面各点的平面位置和高程，有自己特有的工作内容、原则和程序。

地球表面高低起伏并分布着各种地物、地貌。测量工作的基本任务是用测绘技术确定地面点的位置，即地面点定位，它包括测量和测设两方面的工作，前者主要指测定实地的地物和地貌位置，并绘制到图纸上形成地形图；后者则是将设计图上的地物按设计坐标在实地标定其位置。在实际测量中，一般不能直接测出地面点的坐标和高程，而是通过测量待定点与已有坐标和高程的已知点之间的几何关系，来推算出待定点的坐标和高程。例如，设点坐标为已知，P 点为待定点。通过测量角度值和边长 D，即可解算出 P 点的位置。设 A 为已知高程点，B 为待定点，通过测量 A、B 点间的高差，即可推算出 B 点的高程。

因此，测量工作的基本内容是角度测量、距离测量和高差测量。角度、距离和高差是确定地面点相对关系的基本元素。

二、测量工作的基本原则

地表形态和地面物体的形状是由许多特征点确定的。在进行地形测量时，就需要测定这些特征点（也称碎部点）的平面位置和高程，再绘制成图。如果从一个已知点出发逐点施测，虽然可得到这些特征点的位置坐标，但由于测量工作不可避免地存在误差，导致前一点的测量误差传递到下一点，使误差积累起来，最后可能使点位误差达到不可容许的程度。因此，测量工作必须按照一定的原则进行。在实际测量中，应遵循以下三个原则。

（一）整体原则

整体原则即"从整体到局部"的原则。任何测量工作都必须先总体布置，然后分期、分区、分项实施，任何局部的测量过程必须服从全局的定位要求。

（二）控制原则

测量工作要先在测区内选择一些有控制意义的点，用精确的方法测定它们的平面位置和高程，然后再根据它们测定其他地面点的位置。在测量工作中，将这些有控制意义的点称为控制点，由控制点所构成的几何图形称为控制网，而将精确测定控制点点位的工作称为控制测量。

"先控制，后碎部"的原则。先在测区内布设一些起控制作用的点，称为控制点。将它们的平面位置和高程精确地测定出来，然后再根据这些控制点测定出低级的控制点和碎部点的位置。这种测量方法可以减少误差的积累，并可同时在多个控制点上进行碎部测量，加快工作进度。

（三）检核原则

检核原则即"步步检核"的原则。测量工作必须重视检核，防止发生错误，并避免错误结果对后续测量工作的影响。

测绘工作的每项成果必须检核保证无误后才能进行下一步工作，中间环节只要有一步出错，以后的工作就徒劳无益。坚持这项原则，就是保证测绘成果合乎技术规范的要求。

因为，测量工作，有些是在野外进行的，如测量点与点之间的距离、边与边之间的水平夹角等，称为外业。外业工作主要是获得必要的数据。有些工作是在室内进行的，如计算与绘图等，称为内业。无论哪种工作都必须认真地进行，绝不容许存在错误。

第四节　工程测量的发展趋势及工作岗位要求

工程测量学是研究工程建设和自然资源开发中各个阶段进行的控制测量、地形测绘、施工放样和变形监测的理论和技术的科学。它是测量学在国民经济和国防建设中的直接应用，包括规划设计阶段的测量、施工兴建阶段的测量、竣工验收阶段的测量和运营管理阶段的测量。每个阶段的测量工作，其内容、方法和要求也不尽相同。

现代工程测量的发展趋势和特点可概括为"六化"和"十六字"。

"六化"：测量内外业作业的一体化；数据获取及处理的自动化；测量过程控制和系统行为的智能化；测量成果和产品的数字化；测量信息管理的可视化；信息共享和传播的网络化。

"十六字"：精确、可靠、快速、简便、连续、动态、遥测、实时。

一、工程测量的发展趋势

随着传统测绘技术走向数字化，工程测量的服务不断拓宽，与其他学科的互相渗透和交叉不断加强，新技术、新理论的引进和应用不断深入，因此可以看到，工程测量将会沿着测量数据采集和处理向一体化、实时化、数字化方向发展，测量仪器向精密化、自动化、信息化、智能化方向发展，工程测量产品向多样化、网络化和社会化方向发展。

（一）大比例尺工程测图数字化

大比例尺地形图和工程图的测绘是工程测量的重要内容和任务之一。工程建设规模扩大、城市迅速扩展、土地利用以及地籍图应用都需要缩短成图周期和实现成图的数字化。

国内大比例尺工程测图数字化在近几年内得到迅速发展，测量仪器和软件不断更新。很多公司都推出了价廉物美的全站型速测仪和 GPS 全球定位系统。软件方面也趋于成熟，如 CASS 测图软件、CSC 测图软件、清华山维推出的测图软件、各测绘单位自主开发的测图软件等，使中国的数字化测图由应用甚少发展成为测图的主流方法，为推动中国测绘走向数字化、信息化做出重要贡献。

（二）工业测量系统的最新进展

20 世纪 80 年代以来，现代工业生产进入了一个新阶段，许多新的设计、工艺要求对生产的自动化流程、生产过程控制、产品质量检验与监测等工作进行快速、高精度的测点定位，并给出工作时复杂形体的三维数学模型。这些利用传统的光学、机械等工业测量方法都无法完成，而利用电子经纬仪、全站仪、数码相机等作为传感器，在计算机的控制下，工业测量系统可以很轻松地完成工件的非接触和实时三维坐标测量，并在现场进行测量数据的处理、分析和管理。与传统的工业测量方法相比较，工业测量系统在实时性、非接触性、机动性和与 CAD/CAM 连接等方面有突出的优点，因此在工业界得到广泛的应用。

1. 电子经纬仪测量系统

电子经纬仪测量系统（MTS）是由多台高精度电子经纬仪构成的空间角度前方交会测量系统，如 Leica 在 1995 年前推出的 ManCAT 系统与 ECDS3 系统，最多可接治 8 台电子经纬仪。现在波音和麦道飞机制造公司及其合作伙伴（如中国上飞、沈飞、西飞等）还在使用 ManCAT 系统。

经纬仪测量系统的硬件设备主要由高精度的电子经纬仪、基准尺、接口和联机电缆及微机等组成，采用手动照准目标、经纬仪自动读数、逐点观测的方法。该测量系统在几米至十几米的测量范围内的精度可达到 0.22~0.05 mm。

2. 全站仪极坐标测量系统

全站仪极坐标测量系统是由一台高精度的测角、测距全站仪构成的单台仪器三维坐标测量系统（STS）。全站仪极坐标测量系统在近距离测量时采用免棱镜测量，为特殊环境下的距离测量提供了方便。

3. 激光跟踪测量系统

激光跟踪测量系统的代表产品为 SMART310，与常规经纬仪测量系统不同的是 SMART310 激光跟踪测量系统可全自动地跟踪反射装置，只要将反射装置在被测物的表面移动，就可实现该表面的快速数字化。由于干涉测量的速度极快，因此它特别适用于动态目标的监测。

4. 数字摄影测量系统

数字摄影测量系统是采用数字近景摄影测量原理，通过两台高分辨率的数码相机对被测物同时拍摄，得到物体的数字影像，经计算机图像处理后得到精确的 x、y、z 坐标。美国大地测量服务公司（GSI）生产的 V-STARS 是数字摄影测量系统的典型产品。数字摄影测量系统的最新进展是采用高分辨率的数字相机来提高测量精度。另外，利用条码测量标志可以实现控制编号的自动识别，采用专用纹理投影可代替物体表面的标志设置，这些新技术也正促使数字摄影测量向完全自动化方向发展。

（三）施工测量仪器和专用仪器向自动化、智能化方向发展

施工测量的工作量大，现场条件复杂，施工测量仪器的自动化、智能化是施工测量仪器今后发展的方向。具体体现在以下几个方面：

（1）精密角度测量仪器由光电测角代替光学测角。光电测角能够实现数据的自动获取、改正、显示、存储和传输，测角精度与光学仪器相当并且甚至超过光学仪器，如 T2000、T3000 电子经纬仪采用动态测量原理，测角精度达到 0.5″。马达驱动的电子经纬仪和目标识别功能实现了目标的自动照准。

（2）精密工程安装、放样仪器以全站型速测仪发展最为迅速。全站仪不仅能自动测角、测距、记录、计算、存储等，还可以在完善的硬件条件下，进行软件开发，实现控制测量、施工测量、地形测量一体化及中文显示的人机对话功能。

（3）精密距离测量仪器的精度与自动化程度越来越高。

（4）高精度定向仪器，如陀螺经纬仪采用电子计时法，定向精度从 ±20″提高到 ±4″。目前陀螺经纬仪正向激光陀螺定向发展。

（5）精密高程测量仪器采用数字水准仪实现了高程测量的自动化。例如，Leica DNA03 和 Topcon DL101 全自动数字式水准仪和条码水准标尺，利用图像匹配原理实现自动读取视线高和距离，测量精度达到每千米往返测量标准差 0.4 mm，测量速度比常规水准快 30%。德国 REN002A 记录式精密补偿器水准仪和 Telamat 激光扫平仪实现了几何水准测量的自动安平、自动读数和记录、自动检核，为高程测量和放样提供了极大的方便。

（6）工程测量专用仪器，主要指用于应变测量、准直测量和倾斜测量等需要的专用仪器。

（四）特种精密工程测量的发展

为满足大型精密工程施工的需要，往往要进行精密工程测量。大型精密工程不仅施工复杂、难度大，而且对测量精度要求高，这就需要将大地测量学和计量学结合起来。使用精密测量计量仪器，在超出计量的条件下，达到 10^{-6} 以上的相对精度。例如，研究基本粒子结构和性质的高能粒子加速器工程，要求安装两相邻电磁铁的相对径向误差不超过 ±（0.1~0.2）mm，这就要求我们必须采用最优布网方案，研制专门的测量仪器，采用合理的测量方法和数据处理方法来实施该测量方案。

（五）工程摄影测量和遥感技术的立用

由于摄影测量和遥感技术的非接触性、实时性使得其在工程施工、监测方面应用相当普遍，主要体现在以下几个方面：

（1）在建筑施工过程中，利用地面立体摄影方法检核构件的装配精度。

（2）以解析法地面立体摄影测量配合航空摄影测量进行滑坡监测与地表形变观测。

（3）应用精密地面立体摄影方法测定工程建筑物与构筑物的外形及其变形。

（4）应用摄影测量技术为造船、汽车、飞机制造企业进行各种特性测试。

二、工程测量的岗位要求

（一）对测量技术人员的要求

工程施工中的测量主要是进行施工放样，以及质检过程中的高程控制和定位检测。要做好施工测量工作，测量人员应做到以下几点：

（1）懂得设计意图和图纸上的构造，并能对图纸进行校对和审核。

（2）能熟悉所使用的测量仪器和工具，并经常对它们进行维护、保养。

（3）应懂得施工生产的工艺过程，对建筑施工的各分部、分项的施工程序有明确的了解，能在施工过程中与其他工种协调配合，提供所需的测量服务。

（4）了解施工规范中对测量的允许偏差，从而在测量中提高精度，减少误差。

（5）测量放线控制成果及保护措施检查，由专业监理工程师负责。

（二）常见工程测量岗位描述要求

1. 测量员岗位职责

（1）负责各类建筑项目的现场测绘相关工作（土方测量、开沟放线、渠道测绘等）。

（2）负责现场测绘工作的组织与实施，并对测绘结果负责。

（3）负责做好测绘资料的保管及保密工作。

（4）对测绘仪器进行维护和保养。

2. 测量工程师岗位职责

（1）领导测量组严格按照施工技术规范、试验规程、测量规范和设计图纸进行测量，认真正确地做好工程测量施工放线和占用、租用土地的丈量工作，并将其使用范围在地面标定出来。

（2）负责做好竣工测量，根据实测和竣工原始记录资料填写工程质量检查评定表格，并绘制竣工图纸，参加施工技术总结工作。

（3）正确使用和爱护测绘仪器，认真保管施工图纸和各种技术资料。

3. 测量班长岗位职责

（1）依施工组织设计和施工进度安排，编制项目施工测量计划，并组织全体测量人员努力实现。

（2）负责做好施工放样工作，对关键部位的放样必须实行一种方法测量、多种方案复核的观测程序，做好记录报内部监理签认。

（3）负责做好控制测量工作，熟悉各主要控制标志的位置，保护好测量标志。

（4）负责向施工测量组交付现场测量标志和测量结果，实行现场测量交底签认制度，并对测量组的工作进行检查和指导。

（5）经常对测量标志进行检查复核，确保测量标志位置正确，如因测量标志变化造成的损失，测量班长应负主要责任。

（6）制定测量仪器专人保管、定期保养等规章制度，建立仪器设备台账，妥善保存测量资料。

（7）指导测量人员正确使用测量仪器，严禁无关人员和不了解仪器性能的人员动用仪器。

4. 监理测量部职责

监理测量部在监理处长的领导下，负责全线的监理测量工作，主要职责如下：

（1）指导监理全线测量工作，制定测量工作的监理实施细则。制订和补充各种测量施工监理表格，建立本部门数据资料、信息整理查阅体系。

（2）检查承包人的测量仪器设备以及人员，督促承包人按规定检定测量仪器设备。

（3）负责全线交接桩工作，检查复核导线点、水准点，督促承包人做好全线横断面复测工作，严格按规范要求督促承包人放样边线，审批承包人测量内外业成果，并按规定频率要求进行复核。

（4）配合工程部处理有关技术质量问题。

（5）配合合约部做好工程计量及变更工作，对工程数量进行复核后签字。

（6）按时填写监理日志，编写并整理监理月报和监理工作总结中测量部分内容。

（7）配合工程部参加交、竣工验收工作。

5. 测量监理工程师岗位职责

（1）负责交接桩工作，严格按规范要求的精度监督承包人的道路、桥梁、房屋控制线及各类构造物基底标高、控制轴线等。

（2）负责检查承包人对水准点及其他控制点的护桩情况，注意不受损坏，有变更时需要在图纸上说明。

（3）检查和监督承包人的测量放样工作，按规定进行抽检，认真审核后签认。

（4）及时做好横断面及各构造物的复测工作，为工程计量提供准确数据。

（5）审查承包人的检测申请，经现场检测，对符合规范要求的应予以签认；对不合格的，应及时通知承包人及有关人员。

（6）及时填写监理日志，建立自己的数据整理、分类查阅系统。

第二章　测量工作的基本技能

本章主要介绍水准测量原理、安平水准仪的结构和作用、水准测量的测站检核、测段计算检核和路线检核方法、图根水准测量的外业工作和内业计算、四等水准测量的技术要求和测量方法及水准仪的检验与校正。要求学生能够利用水准仪和水准尺测量两点之间的高差和计算高程，能进行图根和四等外业测量和内业水准路线计算，能对水准仪进行必要的检验与校正。本章还讲述了光学经纬仪、电子经纬仪的构造与使用方法，水平角与竖直角的测量方法，光学经纬仪的检验与校正方法，距离测量，小地区控制测量与 GPS 测量技术等。

第一节　高程测量中的水准测量

一、水准仪的认识与使用

测量地面上各点高程的工作称为高程测量。根据不同的精度要求、不同的仪器和施测方法，高程测量可分为水准测量、三角高程测量和 GPS 高程测量。

（一）高程测量的概念

在工程的勘测设计与施工放样中，都必须要测定地面点的高程。高程测量是根据一点的已知高程，测定该点与未知点的高差，然后计算出未知点的高程的一种方法。它是测量工作的重要组成部分，是进行各种比例尺测图、工程测量及建筑放样的基础。

1. 建立高程控制网的方法

建立高程控制网的方法有：水准测量、三角高程测量、GPS 高程测量、物理高程测量等。

（1）水准测量。

水准测量是利用水准仪提供的水平视线，借助于带有分划的水准尺，直接测定地面上两点间的高差，然后根据已知点高程和测得的高差，推算出未知点高程的过程。

（2）三角高程测量。

三角高程测量是测量已知点与未知点之间的水平距离和竖直角，计算未知点高程的方法。

（3）GPS 高程测量。

GPS 高程测量是利用 GPS 测量数据，计算未知点高程的方法。

（4）物理高程测量（气压高程测量、重力水准测量）。

物理高程测量是通过测量气压、重力的变化，计算未知点高程的方法。

2. 国家高程控制网

国家高程控制网是用水准测量的方法建立起来的，也称"国家水准网"，是确定地面点高程的基础。国家高程控制网采用由高级到低级、由整体到局部的办法分四个等级，逐级控制、加密。

一等水准网是国家高程控制网的骨干，是进行有关科学研究的主要依据，水准路线应沿地质构造稳定、路面坡度平缓的交通路线布设成环形。环形周长在平原和丘陵地区应为 1000~1500 km，一般山区应在 2000 km 左右。

二等水准测量是国家高程控制网的基础，应沿铁路、公路、河流布设成环形，周长一般为 500~750 km。

三、四等水准测量直接为地形测量和工程建设提供所必需的高程控制点，应在高等级水准网内加密成闭合环线或附和路线，周长不超过 300 km 或者 80 km。为了进一步满足工程施工和测绘大比例尺地形图的需要，以三、四等水准点为起始点，尚需再用普通水准测量，即五等水准测量的方法布设和测定工程水准点或图根水准点的高程。

3. 水准点

为了满足公路在勘测设计阶段和施工阶段工程建设的需要，施工测量人员要在公路沿线适当的位置，在国家高程控制网的基础上，进行水准点的设置和加密。

（二）水准测量概述

水准测量是测定地面点高程时，最常用、最基本、精度最高的一种方法，在国家高程控制测量、工程勘测和施工测量中广泛应用。它是先在地面两点之间安置水准仪，观测竖立在两点上的水准标尺，再按水准标尺的读数求得两点之间的高差，最后推算出未知点的高程。这种测量方法适用于平坦地区或地面起伏不太大的地区。

水准测量通常可分为以下几种。

1. 国家水准测量

国家水准测量的目的是建立全国性的、统一的高程控制网，以满足国家经济建设和国防建设的需要。国家水准测量按控制次序和施测精度可分为一、二、三、四等。其中，高精度的一、二等水准测量可以作为三、四等水准测量及其他高程测量的控制和依据，并为研究大地水准面的形状、平均海水面变化和地壳升降等提供精确的高程数据。三、四等水准测量可为工程建设和地形测图提供高程控制数据，它是一、二等水准测量的进一步加密。

2. 图根水准测量

图根水准测量是指在地形测量时，为了直接满足地形测图的需要而提供计算地形点高程的数据而进行的水准测量，有时候也作为测区的基本高程控制。由于其精度低于四等水准，所以也叫等外水准测量。

3. 工程水准测量

工程水准测量是指为了满足各种工程勘察、设计与施工需要而进行的水准测量。其精度依据工程要求而定，有的高于四等，有的低于四等。

（三）水准仪的类型

国产水准仪按其精度可分为 DS05、DS1、DS3、DS20（1982 年颁布的标准）等不同型号。建筑工程测量和市政工程测量中最常用的是 DS3 型水准仪。在该水准仪型号中，D 和 S 分别表示"大地测量"和"水准仪"的汉语拼音的第一个字母；字母后的数字以 mm 为单位，用来衡量各种水准仪的精度，表示水准测量时，每公里、往返测的高差中数的中误差分别为 ±0.5 mm、±1 mm、±3 mm、±20 mm。数字越小，精度越高。

通常称 DS05、DS1 为精密水准仪，主要用于国家一、二等水准测量和精密工程测量；称 DS3、DS20 为普通水准仪，主要用于国家三、四等水准测量和常规工程建设测量。工程建设中，使用最多的是 DS3 型水准仪。下面将以自动安平水准仪为例，介绍仪器的基本构造。

1. 自动安平水准仪以及结构

自动安平水准仪的特点是没有水准管和微倾螺旋，而是利用自动安平补偿器代替水准管和微倾螺旋。使用时，只要使圆水准器的气泡居中，借助仪器内的补偿器即可得到水平视线。因此，使用这种仪器可大大缩短观测时间。另外，由于观测时间长，风力和温度变化等原因造成的视线不水平，也可以由"补偿器"迅速调整，而得到水平视线时的尺上读数，从而提高了观测精度。它具有操作简单、速度快、精度稳定和可靠的优点。因此该类型仪器被广泛应用于国家三、四等水准测量和一般工程及大型机器安装等水准测量。

自动安平水准仪主要由望远镜、圆水准器和基座三部分组成。仪器采用精密微型轴承悬吊补偿器棱镜组，利用重力原理安平视线。补偿器的工作范围为 ±15′，携带和运输自动安平水准仪时，应尽量避免剧烈振动，以免损坏补偿器。

（1）望远镜。

望远镜是用来精确瞄准远处目标并对水准尺进行读数的。它主要由物镜、目镜和十字丝分划板组成。

物镜——使瞄准的物体成像。

物镜对光螺旋——转动物镜对光螺旋可以使物像清晰地成像在十字丝分划板平面上。

目镜对光螺旋——调节目镜对光螺旋可以使十字丝清晰并将成像在十字丝分划板的物像连同十字丝一起放大成虚像。于是在看清十字丝的同时又能清晰照准目标。

十字丝分划板——用来准确照准目标和读数。

十字丝分划板安装在物镜与目镜之间，板上有呈十字交叉的刻线，以其作为瞄准和读数的依据。

它们都是在玻璃板上刻有两根垂直相交的十字细线。其中，中间的一根水平的称为横丝或中丝；横丝上、下还有两根对称的水平丝，称为视距丝，用它可测量距离。

（2）视准轴。

视准轴——十字丝交点与物镜光心的连线，称为视准轴CC。视准轴的延长线即为视线，水准测量就是在视准轴水平时用十字丝的中丝在水准尺上截取读数的。

（3）水准器。

水准器是用来表示视准轴是否水平或仪器的竖轴是否竖直的装置。自动安平水准仪只有圆水准器。圆水准器由玻璃圆柱管制成，圆水准器玻璃内壁是一个球面，球面中心是一个小圆圈，小圆圈的中点叫水准器零点。通过球面上零点的法线称为圆水准轴。当圆水准气泡居中时，圆水准轴处于竖直位置，切于零点的平面也就水平了。

在制造水准仪时，使圆水准器轴平行于仪器竖轴。旋转基座上的3个脚螺旋使圆水准气泡居中时，圆水准器轴处于竖直位置，从而使仪器竖轴也处于竖直位置。

（4）基座。

基座的作用是支撑仪器的上部并与三脚架连接。基座主要由轴座、脚螺旋和连接板构成。三脚架的作用是支撑整个仪器，以便观测。

（5）水准尺与尺垫。

水准尺又称标尺，它是用经干燥处理的优质木材制成，也有用玻璃钢或铝合金等其他材料制成的。长度有2 m、3 m、4 m及5 m数种。尺面采用区格式分划，最小分划一般为0.5 cm或1 cm。水准尺上装有小的圆水准器。水准尺常用的有双面尺和塔尺两种。

双面尺。双面尺属于直尺，一般为3 m，中间无接头，长度准确。为了检查读数和提高精度，尺面分划一面为黑白相间，叫黑面尺；另一面为红白相间，叫红面尺。双面水准尺必须成对使用。两根水准尺黑面底部注记均是从零开始，而红面底部的注记起始数分别为4.687 m和4.787 m。每一根水准尺在任何位置红、黑面读数均相差同一常数，即尺常数。由于双面水准尺整体性好，故多用于三、四等水准测量的施测。

塔尺。塔尺是一种逐节缩小的组合尺，其长度为2~5 m，有两节或三节连接在一起，尺的底部为零点，尺面上黑白格相间，每格宽度为1 cm，有的为0.5 cm，在米和分米处有数字注记。塔尺可以伸缩，整长为5 m，携带方便，但接头处误差较大，影响精度，多用于建筑测量中。

尺垫一般为三角形的铸铁块，中央有一凸起的半圆球。尺垫的作用是使水准尺立在过渡点上时，有一个稳固的立尺点，以防止水准尺下沉或水准尺转动时改变其高程。

2. 自动安平水准仪的使用

自动安平水准仪的基本操作程序：安置仪器—整平—照准水准尺—读取水准尺读数。具体如下。

（1）安置水准仪。

在测站上先松开三脚架架腿的固定螺旋，按需要的高度调整架腿长度，再拧紧固定螺旋，张开三脚架将架腿踩实，并使三脚架架头大致水平；然后从仪器箱中取出水准仪，用连接螺旋将水准仪固定在三脚架架头上。

（2）粗略整平。粗略整平时，通过转动脚螺旋使圆水准器气泡居中，达到使仪器竖轴竖直，为视准轴在各方面精密水平创造条件。

气泡移动的规律：气泡始终向高处移动，脚螺旋顺时针转动时升高，逆时针转动时降低。旋转脚螺旋要松紧适度，切勿旋至极限位置，以免损坏脚螺旋。

（3）瞄准水准尺。

目镜对光：用望远镜瞄准目标之前，将望远镜转向明亮的背景，调节目镜对光螺旋，使十字丝成像清晰。

粗略照准：通过粗瞄器粗略瞄准水准尺。

物镜对光：转动望远镜对光螺旋，使水准尺在望远镜内成像清晰。精确照准：转动水平微动螺旋，使十字丝竖丝贴近水准尺边缘或用十字丝竖丝平分水准尺。若水准尺歪斜，要指挥扶尺者扶正。

消除视差：做好对光的标准是不仅目标成像清晰，而且要求目标成像必须在十字丝分划板平面上。若目标像与十字丝分划板平面不重合，观测者的眼睛在目镜上、下微微移动时，目标像与十字丝之间就会有相对移动，这种现象称为视差。视差将直接影响读数的精度，故必须加以消除。

消除视差的方法：将望远镜对准明亮的背景，旋转目镜调焦螺旋，使十字丝十分清晰；将望远镜对准水准标尺，旋转物镜调焦螺旋使水准标尺像十分清晰。

（4）读数与计算。

对自动安平水准仪来说，一般当圆水准器气泡居中后，便可进行水准尺读数，即读出十字丝横丝在尺上所截位置的米、分米、厘米，并估读毫米位。

当记录员听到观测员的报数时，应复述一遍读数，待观测员认可后，将读数记入水准测量手簿中，并及时进行计算。记录簿上不准涂改、不准橡皮擦、不准转抄，记错、算错要划掉并注明错误原因。

二、操作技能

（一）操作案例的步骤

自动安平水准仪的安置和粗平、各部件的作用和读数。

1. 安置

（1）打开三脚架，根据自己的身高调整到适当的高度，拧紧螺旋，分开架腿大致成等边三角形且架头水平。

（2）开箱取出仪器，并连接在三脚架上，拧紧连接螺旋。

（3）粗平。三脚架分开大致成等边三角形，移动一个或两个架腿使圆水准器大致水平，大致水平的标志是当轻微移动架腿，气泡就移动。通过基座3个脚螺旋使气泡居中。

（4）熟悉各部件的作用。

操作水准仪各部件并领会各部件的作用。

①读数。

②分析和领会水准尺分划和注记的规律。

③目镜和物镜对光，以消除视差。

④照准水准尺练习读数。从望远镜中读出十字丝横丝在尺上所截位置的米、分米、厘米，并估读毫米位，共四位数。无论在望远镜内出现的是正字尺或是倒字尺，一律按照由小到大，数值增加方向读。

（二）注意事项

（1）仪器连接要牢固，操作不要用力过大，以免损坏仪器。

（2）读数时水准尺要竖直和消除视差。

三、等外水准测量技能

水准测量按精度要求不同，可分为一、二、三、四等水准测量、图根水准测量（或等外水准测量）。水准测量的等级，一般视测区的大小、服务的对象不同等因素进行选择。

（一）水准测量的原理

1. 基本原理

（1）尚差法。

高差法是指利用两点间的高差来计算高程的方法。

水准测量的原理是先利用水准仪提供的一条水平视线，借助水准尺读取竖立于两个点上水准尺的读数，直接测定地面上两点间的高差，再根据已知点高程推算出待测点的高程。

（2）仪高法。

仪高法是指利用视线高计算高程的方法。其中，视线高用况表示，又称仪高。

仪高法与高差法的观测方法完全相同。但计算时，先计算仪高，等于后视点的高程加上后视读数。

（二）连续水准测量的原理

连续水准测量的原理是当 A、B 两点高差较大或相距较远时，安置一次仪器不能测定两点间的高差，可在沿 A 到 B 的水准路线中间增设测站，依次连续地在两个立尺点中间安置水准仪来测定各点间的高差，最后取各站高差的代数和。

则 A、B 两点间高差的计算公式为

Hab=∑h=h1 + h2 +⋯+ hn=∑a − ∑b

测站：安置一次仪器为一个测站。测段：从一个水准点到另一个待定水准点为一个测段，一个测段由 n 个测站组成。转点：增设的起传递高程作用的临时立尺点，即为转点。

特点：转点上既有前视读数，也有后视读数。转点作为临时选点，没有固定标志，起传递高程的作用。转点上一般要放置尺垫。

四、图根水准测量

等外水准测量又称为图根水准测量或普通水准测量，主要用于测定图根点的高程及用于工程水准测量。

（一）水准点

水准测量通常是从水准点开始，引测其他点的高程。等级水准点是国家测绘部门为了统一全国的高程系统和满足各种需要，在全国各地埋设且用水准测量的方法测定了其高程的固定点。水准点有永久性和临时性两种。国家有四等水准点的形式，建筑工地上的永久性水准点一般用整块的坚硬石料或混凝土制成，深埋到地面冻结线以下，在标石顶面设有用不锈钢或其他不易锈蚀的材料制成的半球状标志；临时性水准点可用地面上突出的坚硬岩石或用大木桩打入地下，桩顶钉入半球形铁钉。

无论是永久性水准点，还是临时性水准点，均应埋设在便于引测和寻找的地方。在埋设水准点后，应绘出水准点附近的草图（点之己），在图上还要写明水准点的编号和高程，称为点之记，以便日后寻找和使用。

（二）水准路线

水准测量所经过的路线称为水准路线。水准路线应尽量选择坡度小，设站少，土质坚硬且容易通过的线路。水准路线的布设要根据测区的实际情况和作业要求，其形式主要有闭合水准路线、附合水准路线和支水准路线 3 种。

1. 闭合水准路线

从水准点 BMA 出发，沿各待定高程的点 1、2、3、4、5 进行水准测量，最后又回到原出发的水准点 BMA，这种形成环形的路线，称为闭合水准路线。

2. 附合水准路线

从水准点出发，沿各待定高程的点 1、2、3、4 进行水准测量，最后符合到另一个水准点 BMB，这种在两个已知水准点之间布设的路线，称为附合水准路线。

3. 支水准路线

从水准点 BMA 出发，沿各待定高程的点 1、2、3 进行水准测量，这种从一个已知水准点出发，而另一端为未知点的路线，该路线既不自行闭合，也不符合到其他水准点上，称为支水准路线。

（三）水准测量的检核

在进行连续水准测量时，若其中任何一个测站后视或前视读数有错误，都会影响高差的正确性，使整个水准路线测量成果受到影响。所以水准测量的检核非常重要。检核工作通常有如下几项。

1. 计算检核

计算检核的目的是及时检核记录手簿中的高差和高程计算中是否有错误。为了保证记录表中数据的正确，应计算出后视读数总和减前视读数总和、高差总和、终点高程与始点局程之差进行检核，二者应相等。即计算检核只能检查计算是否正确，不能检核观测和记录时是否产生错误，因此还要进行测站检核。

2. 测站检核

测站检核的目的是及时发现和纠正施测过程中因观测、读数、记录等原因导致的高差错误。为保证每一测站观测高差的正确性，测站检核通常采用双仪器高法或双面尺法两种。

（1）双仪高法：同一测站用两次不同的仪器高度，测得两次高差比较进行检核。

根据水准测量原理，改变仪器的高度，不影响两点之间的高差。在一测站上先测一组高差，然后把仪器的高度升高或者降低 10 cm，再次测定两点之间的高差；对普通水准测量，两次高度之差不能超过 6 mm。超过此限差，必须重测；若不超过限差，取两次观测高差的平均值作为该测站的高差。表 2-1 给出了对一附合水准路线进行水准测量的记录计算格式，表中圆括号内的数值为双仪高法观测两次高度之差。

表 2-1　水准测量记录手簿（双仪高法）

测站	测点	水准尺读数 /m		高差 /m	平均高差 /m	高程 /m	备注
		后视 a	前视 b				
1	BMA	1.567		− 0.798	（− 0.002）	155.155	
		1.444					
	TP1		2.365	− 0.800	− 0.799		
			2.244				
2	TP1	2.233		+1.014	（+0.004）		
		2.342					
	TP2		1.219	+1.010	+1.012		BMA 点高程已知
			1.332				
3	TP2	1.682		+0.571	（0.000）		
		1.567					
	1		1.111	+0.571	+0.571		
			0.996				
检核计算		10.835	9.267	1.568	+0.784	155.939	

（2）双面尺法：仪器高度不变，根据立在前视点和后视点上的双面尺分别用黑面和红面各观测一次高差，两次测定的高差值相互比较进行检核。

在一测站上不改变仪器的高度，分别对双面水准尺的黑面和红面进行观测；利用前、后视的黑面和红面读数，分别算出两个高差和。若同一水准尺红面与黑面（加常数后）之差在 3 mm 以内，且黑面尺和红面尺高度之差不超过 5 mm，则取黑、红面高差平均值作为该站测得的高差值。

由于在每一测站上仪器高度不变，双面尺法观测可以加快观测速度。其观测顺序为"后—后—前—前"，对于尺面分划来说，顺序为"黑—红—黑—红"。

表 2-2 给出了对一附合水准路线进行水准测量的记录计算格式。

由于在一对双面尺中，两把尺子的黑面零点注记均为 0.000 m；红面零点注记分别为 4.787 m 和 4.687 m，零点差为 0.1 m。所以表 2-2 每站观测高差的计算中，应以黑面观测高差作为准确高差，将红面观测高差与黑面观测高差相比较，如果红面高差比黑面高差大，应减去 0.1 m；如果红面高差比黑面局差小，应加上 0.1 m。最后在每站平均高差的计算中，应将红面观测高差加减 0.1 m 后才能和黑面高差取平均值。

表 2-2 水准测量记录手簿（双面尺法）

测站	方向及尺号	水准尺读数 /mm		黑 +K- 红 /mm	平均高差 /m
		黑面	红面		
1	a	1256	5944	−1	
	b	1763	6552	−2	−0.5075
	a-b	−507	−608	+1	
2	a	2039	6825	+1	
	b	1416	6101	+2	+0.6235
	a-b	+623	+724	−1	
3	a	0726	5415	−2	
	b	1910	6699	−2	−1.184
	a-b	−1184	−1284	0	
4	a	2422	7210	−1	
	b	1653	6338	+2	+0.770
	a-b	+769	+872	−3	
检核计算		6443	25394	−3	
		6742	25690	0	−0.2975
		−299	−296	−3	

由于双面尺法操作方便、计算规范，所以在水准测量中得到了广泛应用。

3. 路线成果检核

测站检核只能检验一个测站上是否存在错误或误差超限。由于温度、风力、大气折光等外界条件引起的误差、尺垫下沉、仪器下沉及转点位置变动的误差，尺子倾斜和估读的误差，以及仪器误差等，虽然在一个测站上反映不很明显，但随着测站数的增多使误差累积，有时也会超过规定的限差。因此为了正确评定一条水准路线的测量成果精度，应该进行整个水准路线的成果检核。

成果检核，因水准路线布设形成不同，主要有以下几种。

（1）闭合水准路线。

从理论上讲，闭合水准路线各段高差代数和值应等于零。

（2）附合水准路线。

从理论上讲，附合水准路线各段实测高差的代数和值应等于两端水准点间的已知高差值。

（3）支线水准路线。

支线水准路线本身没有检核条件，通常是用往、返水准测量方法进行路线成果的检核。从理论上讲，往测局差与返测局差，应大小相等，符号相反。

4. 水准测量成果计算

水准测量成果计算之前，要先检查外业观测手簿，计算出各点间的高差。经检核无误后，才根据外业观测高差计算水准路线的高差闭合差，以确定成果的精度。经检核无误后，才能进行高差闭合差的计算与调整，最后计算各点的高程。以上工作称为水准测量的内业。下面将根据水准路线布设的不同形式，举例说明内业计算的方法和步骤。

5. 水准测量的精度要求

高差闭合差是用来衡量水准测量成果精度的，不同等级的水准测量，对高差闭合差的限差规定也不同，工程测量规范中对限差 $fb_容$ 的规定见表2-3。

表2-3　水准测量的精度要求

等级	容许高差闭合差	主要应用范围举例
三等	$fb_容=12\sqrt{L}$（mm）平地 $fb_容=4\sqrt{L}$（mm）平地	场区的高程控制网
四等	$fb_容=12\sqrt{L}$（mm）平地 $fb_容=6\sqrt{L}$（mm）平地	普通建筑工程、河道工程、用于立模、建筑放样的高程控制点
图根（等外）	$fb_容=40\sqrt{L}$（mm）平地 $fb_容=12\sqrt{L}$（mm）平地	小测区地形图测绘的高程控制、山区道路、小型农田水利工程

注：表中图根通常是普通或等外水准测量

表中 L 为水准路线长度 km；n 为测站数。

每公里测站数超过 16 站时，按山区公式计算。

五、水准仪的检验与校正

根据水准测量的原理，要求水准仪必须提供一条水平视线；为此，在正式作业之前，必须对水准仪加以检验，以考察其是否满足要求，对不符合标准要求的项目予以校正。水准仪检校的目的是保证水准仪各轴系之间满足应有的几何关系，保证外业测量所使用的仪器是合格的，这是保证获取合格的外业观测成果的重要依据之一。微倾式水准仪有 4 条轴线，即望远镜的视准轴 CC、补偿器铅垂线 HH、圆水准器轴 $LL1$，仪器的竖轴 VV。

（一）水准仪应满足的条件

（1）圆水准器轴 $LL1$ 应平行于仪器竖轴 VV。

满足此条件的目的是当圆水准器气泡居中时，仪器竖轴即处于竖直位置。这样，仪器转动到任何方向，管水准器的气泡都不至于偏差太大，调节水准管气泡居中就很方便。

（2）十字丝的横丝应垂直于仪器竖轴。

当此条件满足时，可不必用十字丝的交点而用交点附近的横丝进行读数，故可提高观测速度。

（3）补偿器铅垂线尺 HH 应平行于视准轴 CC。

（二）自动安平水准仪的检验与校正

1. 圆水准器轴平行于仪器竖轴的检校

（1）检校目的。

检验圆水准器轴是否平行于仪器的竖轴。如果两轴是平行的，即 $LP//FF$，则当圆水准器气泡居中时，仪器的竖轴就处于铅垂位置。

（2）检验。

用脚螺旋使圆水准器气泡居中，将望远镜绕竖轴旋转180°，查看气泡是否居中。若居中说明圆水准器轴平行于仪器竖轴；若不居中，说明圆水准器轴不平行于仪器竖轴，需要校正。

（3）校正。

转动脚螺旋使气泡居中，用校正针分别拨动圆水准器上边的两个校正螺旋，使气泡向居中位置移动偏离的一半，然后再用脚螺旋使气泡完全居中。

再进行检验，若不居中，重复校正步骤，直到各个方向圆水准气泡居中为止。注意：校正要反复进行。

2. 十字丝横丝应垂直于仪器竖轴的检校

（1）检校目的。检验十字丝横丝是否垂直于竖轴，如果横丝垂直于竖轴，则横丝处于水平位置，根据横丝的任何部位在尺上读数都应该是相同的。

（2）检验。在仪器检验场地上安置欲检验的水准仪，选择并照准一目标 M，然后固定制动螺旋，转动微动螺旋，如标志点 M 始终在横丝上移动，则说明该条件满足要求。否则，就需要进行校正。

（3）校正。松开十字丝分划板的固定螺丝，慢慢转动十字丝分划板座固定螺丝，使其满足条件，此项校正也须反复进行。

（三）操作技能

1. 操作案例

水准测量工程之前，要对水准仪进行全面的检查和必要的校正，现对检查的项目和检验的方法进行必要的记录、计算和整理。

操作步骤一般性检验的具体内容如下：

三脚架是否牢稳
制动及微动螺旋是否有效
脚螺旋、微倾螺旋、调焦螺旋是否有效
望远镜成像是否清晰
其他问题
第一次检验
第二次检验

2. 轴线几何条件的检验

（1）圆水准器轴平行于竖轴。

仪器绕竖轴旋转180°气泡偏移量

（2）十字丝横丝垂直竖轴。

（3）视准轴平行于水准管轴。

3. 注意事项

（1）检验、校正顺序应按上述规定进行，先后不能颠倒。

（2）仪器检验与校正是一项难度较大的细致工作，必须经严格检验，确认需要校正时，才能进行校正，绝不可草率盲目从事。检校仪器时要反复进行，直至满足要求为止。

（3）进行水准管轴检验时，当观测员读取靠近仪器的水准尺读数时，立尺员要配合观测员进行读数，以保证读数的正确性。

（4）拨动校正螺丝时应先松后紧，松紧适度，校正完毕，再旋紧；校正针的粗细应与校正螺旋孔径相适应，否则，会损坏校正螺旋孔径。

（5）清点仪器、工具，安全归还。

第二节　角度测量

角度测量是测量的基本工作之一，它包括水平角测量和竖直角测量。水平角用于确定地面点的平面位置，竖直角用于间接确定地面点的高程。经纬仪是进行角度测量的主要仪器。

光学经纬仪的种类按精度系列可分为 DJ07、DJl、DJ6、DJ15 和 DJ60 等级别，其中 DJ 分别为"大地测量"和"经纬仪"的汉语拼音的第一个字母，下标数字表示仪器的精度，即一测回水平方向中误差的秒数。下面着重介绍适用于地形测量和一般工程测量中最为常用的 DJ6 级经纬仪和 DJ2 级经纬仪。

一、DJ6 级光学经纬仪

（一）DJ6 级光学经纬仪的构造

光学经纬仪主要由照准部、水平度盘和基座三部分组成，例如北京光学仪器厂生产的 DJ6 级光学经纬仪。

1. 照准部

照准部为经纬仪上部可转动的部分，由望远镜、竖直度盘、横轴、支架、竖轴、水平度盘水准器、读数显微镜及其光学读数系统等组成。

（1）望远镜。望远镜用于精确瞄准目标。它在支架上可绕横轴在竖直面内作仰俯转动，并由望远镜制动扳钮和望远镜微动螺旋控制。经纬仪的望远镜与水准仪的望远镜相同，由物镜、调焦镜、十字丝分划板、目镜和固定它们的镜筒组成。望远镜的放大倍率一般为 20~40 倍。

（2）竖直度盘。竖直度盘用于观测竖直角。它是由光学玻璃制成的圆盘，安装在横轴的一端，并随望远镜一起转动。其竖直度盘同侧的支架上没有竖盘指标水准管，而在竖盘内部装有自动归零装置，只要将支架上的自动归零开关转到 ON，竖盘指标即处于正确位置。不测竖直角时，将竖盘指标自动归零开关转到 OFF，以保护其自动归零装置。

（3）水准器。照准部上设有一个管水准器和一个圆水准器，与脚螺旋配合，用于整平仪器。和水准仪一样，圆水准器用作粗平，而管水准器则用于精平。

（4）竖轴。照准部的旋转轴即为仪器的竖轴，竖轴插入竖轴轴套中，该轴套下端与轴座固连，置于基座内，并用轴座固定螺旋固紧，使用仪器时切勿松动该螺旋，以防仪器分离坠落。照准部可绕竖轴在水平方向旋转，并由水平制动扳钮和水平微动螺旋控制。

2. 水平度盘

水平度盘是由光学玻璃制成的圆盘，其边缘按顺时针方向刻有 0°~360° 的分划，用于测量水平角。水平度盘与一金属的空心轴套结合，套在竖轴轴套的外面，并可自由转动。水平度盘的下方有一个固定在水平度盘旋转轴上的金属复测盘。复测盘配合照准部外壳上的度盘转换手轮，可使水平度盘与照准部结合或分离。按下转换手轮，复测装置的簧片便夹住复测盘，使水平度盘与照准部结合在一起，当照准部旋转时，水平度盘也随之转动，读数不变；弹出转盘手轮，其簧片便与复测盘分开，水平度盘也和照准部脱离，当照准部旋转时，水平度盘则静止不动，读数改变。

3. 基座

基座是在仪器的最下部，它是支撑整个仪器的底座。基座上安有 3 个脚螺旋和连接板。转动脚螺旋可使水平度盘水平。通过架头上的口心螺旋与三脚架头固连在一起。此外，基座上还有一个连接仪器和基座的轴座固定螺旋，一般情况下，不可松动轴座固定螺旋，以免仪器脱出基座而摔坏。

（二）10^{-6} 级光学经纬仪的读数方法

10^{-6} 级光学经纬仪的水平度盘和竖直度盘的分画线通过一系列的棱镜和透镜作用，成像于望远镜旁的读数显微镜内，观测者用读数显微镜读取读数。现在市场上使用的 10^{-6} 光学经纬的测微装置主要是分微尺测微器。

北京光学仪器厂生产的 10^{-6} 级光学经纬仪采用的是分微尺读数装置。通过一系列的棱镜和透镜作用，在读数显微镜内，可以看到水平度盘和竖直度盘的分划以及相应的分微尺像。

度盘最小分划值为 1°，分微尺上把度盘为 1° 的弧长分为 60 格，所以分微尺上最小分划值为 1′，每 10′ 作一注记，可估读至 0.1′。

读数时，打开并转动反光镜，使读数窗内亮度适中，调节读数显微镜的目镜，使度盘和分微尺分画线清晰，然后，"度" 可从分微尺中的度盘分画线上的注字直接读得，"分" 则用度盘分画线作为指标，在分微尺中直接读出，并估读至 0.1′，两者相加，即得度盘读数。

（三）经纬仪的使用

经纬仪的基本操作分为对中、整平、瞄准和读数。

对中的目的是使仪器度盘中心与测量点标志中心位于同一铅垂线上。对中主要采用光学对中器对中。整平的目的是调节脚螺旋使水准管气泡居中，从而使经纬仪的竖轴竖直，水平度盘处于水平位置。整平分为粗平和精平。瞄准的目的是使照准点影像与十字丝交点重合。读数的目的是读出照准方向的度盘数字。整体操作步骤如下所述。

1. 安置经纬仪准备工作

（1）打开三脚架腿，调整好其长度使脚架高度适合于观测者的高度，张开三脚架，将其安置在测站上，使架头大致水平。

（2）从仪器箱中取出经纬仪放置在三脚架头上，并使仪器基座中心基本对齐三脚架头的中心，旋紧连接螺旋。

2. 对中

（1）旋转目镜调焦螺旋使对中标志分划板十分清晰，再旋转物镜调焦螺旋（有些仪器是拉伸光学对中器）看清地面的测点标志。

（2）粗对中：双手握紧三脚架，眼睛观察光学对中器，移动三脚架使对中标志基本对准测站点的中心（应注意保持三脚架头基本水平），将三脚架的脚尖踩入土中。

（3）精对中：旋转脚螺旋使对中标志准确对准测站点的中心，光学对中的误差应小于 1 mm，略微松开连接螺旋，在架头上前后左右移动仪器不要转动，直至十字丝中心与测站点完全重合，最后再旋紧连接螺旋。

3. 整平

（1）粗平。

通过伸缩三脚架腿，调节三脚架的长度，使经纬仪圆水准器气泡居中；一般情况下不能使用脚螺旋进行粗平。

（2）精平。

第一，旋转照准部，使水准管平行于任一对脚螺旋。转动这两个脚螺旋，使管水准气泡居中。

第二，将照准部旋转 90°，转动第三个脚螺旋，使管水准气泡居中。

第三，按以上步骤重复操作，直至水准管在这两个位置上气泡都居中为止。

第四，精平结束后，检查对中情况，偏离较远时，从对中重新开始；偏离较小时，松动仪器连接螺旋（禁止完全松开，保证仪器安全），仪器在三脚架头上前、后、左、右移动（禁止转动），使仪器对中，然后进行精平。

4. 瞄准

（1）目镜对光。将望远镜对向明亮背景，转动目镜对光螺旋，使十字丝成像清晰。

（2）粗略瞄准。松开照准部制动螺旋与望远镜制动螺旋，转动照准部与望远镜，通过望远镜上的瞄准器对准目标，然后旋紧制动螺旋。

（3）物镜对光。转动位于镜筒上的物镜对光螺旋，使目标成像清晰并检查有无视差存在，如果发现有视差存在，应重新进行对光，直至消除视差。

（4）精确瞄准。旋转微动螺旋，使十字丝准确对准目标。观测水平角时，应尽量瞄准目标的基部，当目标宽于十字丝双丝距时，宜用单丝平分；当目标窄于双丝距时，宜用双丝夹住，观测竖直角时，用十字丝横丝的口心部分对准目标位。

5. 读数

读数前应调整反光镜的位置与开合角度，使读数显微镜视场内亮度适当，然后转动读数显微镜目镜进行对光，使读数窗成像清晰，再按上节所述方法进行读数。

二、操作技能

（一）操作案例

对 DJ6 光学经纬仪进行安置、对中、整平、读数等操作。

（二）操作步骤

（1）实地选取测量标志，根据经纬仪使用中的安置、对中、整平的理论知识的操作步骤实地进行安置、对中和整平。

（2）熟悉各部件的作用，操作经纬仪各部件并领会各部件的作用。

（3）读数。

①分析和领会分微尺测微器的分划规律和注记格式。

②目镜和物镜对光，以消除视差。

③照准远处目标进行读数。一律按照由小到大，数值增加方向读。

（三）注意事项

（1）打开三脚架后，要安置稳妥，先粗略对中地面标志，然后用中心螺旋把仪器牢固地联结在三脚架头上，并把箱子关上，严禁"先安置仪器，再根据垂球尖所指画十字线"的对中方法。

（2）在三脚架头上移动经纬仪准确对中后，切不可忘记将连接螺旋扭紧。

（3）制动螺旋不可旋得太紧，微动螺旋不可旋得太松，亦不可旋得太紧，以处于中间位置附近为好。

（4）瞄准目标时，尽可能瞄准目标底部，目标较粗时，用双丝夹；目标较细时，用单丝平分。

三、水平角的测量原理

角度测量是测量的三项基本工作之一，它包括水平角测量和竖直角测量。水平角用于确定地面点的平面位置，竖直角用于间接确定地面点的高程。经纬仪是进行角度测量的主要仪器。

（一）水平角的概念

两条相交的空间直线在水平面上投影的夹角称为水平角。例如 A、B、C 是地面上任意三点，B_1A_1、B_1C_1 为空间直线 BA、BC 在水平面上的投影，B_1A_1 与 B_1C_1 的夹角为 β 即为地面点 B 上由 BA、BC 两方向线构成的水平角。值得注意的是 $\angle ABC$ 是空间角而不是水平角。

为测出水平角 β，可以设想在过角顶 B 点上方架设一台仪器，仪器上有一个水平安置的带有顺时针刻画、注记的圆盘，即水平度盘，并使其圆心 o 在过 B 点的铅垂线上，直线 BC、BA 在水平度盘上的投影为 om、on；这时，若能读出 om、on 加在水平度盘上的读数 m 和 n，水平角 β 就等于 m 减 n，用公式表示为：

β= 右目标读数 m －左目标读数 n

由上述可知，进行水平角观测的仪器，必须有一个能安置水平且能使其中心处于过测站点铅垂线上的水平度盘；必须有一套能精确读取度盘读数的读数装置成竖直面，还能绕铅垂线水平转动的照准设备，以便精确照准方向不同、高度不同、远近不同的目标。

（二）水平角测量的误差

1. 仪器误差

仪器制造加工不完善所引起的误差。如照准部偏心误差、度盘分划误差等。经纬仪照准部旋转中心应与水平度盘中心重合，如果两者不重合，即存在照准部偏心差，在水平角测量中，此项误差影响也可通过盘左、盘右观测取平均值的方法加以消除。水平度盘分划误差的影响一般较小，当测量精度要求较高时，可采用各测回间变换水平度盘位置的方法进行观测，以减弱这一项误差影响。

仪器校正不完善所引起的误差。如望远镜视准轴不严格垂直于横轴、横轴不严格垂直于竖轴所引起的误差，可以采用盘左、盘右观测取平均的方法来消除，而竖轴不垂直于水准管轴所引起的误差则不能通过盘左、盘右观测取平均或其他观测方法来消除。因此，必须认真做好仪器此项检验、校正。

2. 观测误差

（1）对中误差。仪器对中不准确，使仪器中心偏离测站中心的位移叫偏心距，偏心距将使所观测的水平角值不是大就是小。经研究已经知道，对中引起的水平角观测误差与偏心距成正比，并与测站到观测点的距离成反比。因此，在进行水平角观测时，仪器的对中误差不应超出相应规范规定的范围，特别对于短边的角度进行观测时，更应该精确对中。

（2）整平误差。若仪器未能精确整平或在观测过程中气泡不再居中，竖轴就会偏离铅直位置。整平误差不能用观测方法来消除，此项误差的影响与观测目标时视线竖直角的大小有关，当观测目标与仪器视线大致同高时，影响较小；当观测目标时，视线竖直角较大，则整平误差的影响明显增大，此时，应特别注意认真整平仪器。当发现水准管气泡偏离零点超过一格以上时，应重新整平仪器，重新观测。

3. 目标偏心误差

由于测点上的标杆倾斜而使照准目标偏离测点中心所产生的偏心差称为目标偏心误差。目标偏心是由于目标点的标志倾斜引起的。观测点上一般都是竖立标杆，当标杆倾斜而又瞄准其顶部时，标杆越长，瞄准点越高，则产生的方向值误差越大；边长短时误差的影响更大。为了减少目标偏心对水平角观测的影响，观测时，标杆要准确而竖直地立在测点上，且尽量瞄准标杆的底部。

4. 瞄准误差

引起误差的因素很多，如望远镜孔径的大小、分辨率、放大率、十字丝粗细和清晰等，人眼的分辨能力，目标的形状、大小、颜色、亮度和背景，以及周围的环境，空气透明度，大气的湍流、温度等，其中与望远镜放大率的关系最大。经计算，DJ6级经纬仪的瞄准误差为 ±（2~2.4），观测时应注意消除视差，调清十字丝。

5. 读数误差

读数误差与读数设备、照明情况和观测者的经验有关。一般来说，主要取决于读数设备。

对于6″级光学经纬仪，估读误差不超过分划值的1/10，即不超过 ±6″。如果照明情况不佳，读数显微镜存在视差，以及读数不熟练，估读误差还会增大。

6. 外界条件的影响

影响角度测量的外界因素很多，大风、松土会影响仪器的稳定；地面辐射热会影响大气稳定而引起物像的跳动；空气的透明度会影响照准的精度，温度的变化会影响仪器的正常状态等。这些因素都会在不同程度上影响测角的精度，要想完全避免这些影响是不可能的，观测者只能采取措施及选择有利的观测条件和时间，使这些外界因素的影响降低到最小的程度，从而保证测角的精度。

四、竖直角的测量原理

（一）竖直角概念

竖直角测量是用于测定地面上两点间的高差或将所测的两点间的倾斜距离化算成水平距离。

从竖直角概念可知，它是竖直面内目标方向与水平方向的夹角，所以测定竖直角时，其角值可从竖直面内的刻度盘（竖盘）上两个方向读数之差求得，而该两个方向中的一个必须是水平线方向。由于任何仪器当视线水平时，无论盘左还是盘右，其竖盘读数都是个固定数值，设计经纬仪时，一般使视线水平时的竖盘读数为0°或90°的倍数。因此，测竖直角时，实际上只要瞄准目标读出其竖盘读数，然后减去仪器视线水平时的竖盘读数即可计算出竖直角。

测站点到目标点的视线与水平线在竖直面内的夹角称为竖直角。例如：视线 AB 与水平线 AB′ 的夹角为 α，为 AB 方向线的竖直角。其角值从水平线算起，向上为正，称为仰角；向下为负，称为俯角。范围为 0° ~ ±90°。

视线与测站点天顶方向之间的夹角称为天顶距。以 Z 表示，其数值为 0° ~180°，均为正值。显然，同一目标方向的竖直角和天顶距 Z 有之间如下关系：

$$a = 90° - Z$$

为了观测竖直角或天顶距，经纬仪上必须装置一个带有刻画注记的竖直圆盘，即竖直度盘，该度盘中心在望远镜旋转轴上，竖直度盘随望远镜一起上下转动；竖直度盘的读数指标线与竖盘指标水准管相连，当该水准管气泡居中时，指标线处于某一固定位置。显然，照准轴水平时的度盘读数与照准目标时度盘读数之差，即为所求竖直角 a。

光学经纬仪就是根据上述测角原理而设计制造的一种测角仪器。同时，经纬仪还可以进行视距测量。

（二）竖直角测量误差

由于竖直角主要用于三角高程测量和视距测量，在测量竖直角时，只要严格按照操作规程作业，采用测回法消除竖盘指标差对竖角的影响，测得的竖直角值即能满足对高程和水平距离的求算。

五、经纬仪的检验与校正

（一）照准部管水准器轴与竖轴垂直的检验、校正

（1）检验方法。先将仪器大致整平，然后使照准部管水准器和任意两个脚螺旋连线平行，相对旋转两脚螺旋使气泡严格居中。将照准部旋转180°，如果气泡仍居中或偏离中心不超过1格，条件满足，否则应进行校正。

（2）校正方法。先转动两个脚螺旋改正气泡偏移量的一半，再拨动水准管一端的上、下两个校正螺丝，使水准管一端升高或降低，改正偏移量的另一半使气泡居中。

此项检验校正应反复进行几次，直至照准部转到任意位置时，气泡偏移量均不超过1格为止。

（3）检校原理。显然，该项条件不满足，是水准器两端支架不等高造成的。当照准部管水准器轴水平（即气泡居中）时，水平度盘倾斜了 α 角，竖轴也偏离了铅垂线 α 角。转动照准部180°后，由于竖轴方向不变，管水准器轴与水平度盘的夹角仍为 α，但与水平面的夹角则为 2α，此时气泡偏移量 e 是管水准器轴倾斜 2α 造成的。校正时，先用脚螺旋改正气泡偏移量的一半（即 $e/2$），此时，竖轴处于铅垂位置，管水准器轴仍不水平，它与水平面夹角为 α，当用校正螺丝改正气泡偏移量的另一半使气泡居中时，管水准器轴处于水平位置并且和处于铅垂状态的竖轴相垂直。

经纬仪上的圆水准器，可在管水准器校正完毕后，严格整平仪器，如果圆水准器气泡不居中，则可直接拨动圆水准器上的校正螺丝使气泡居中。

（二）十字丝竖丝与横轴垂直检验、校正

1. 检验方法

该项检验可分别采用如下两种方法：

（1）整平仪器，用十字丝竖丝的上端（或下端）照准远处一清晰的固定点，旋紧照准部和望远镜制动螺旋，用望远镜微动螺旋使望远镜向上或向下慢慢移动，若竖丝和固定点始终重合，则表示该条件满足，否则，需进行校正。

（2）整平仪器，用十字丝竖丝照准适当距离处悬挂的稳定不动的垂球线，如果竖丝与垂球线完全重合，则条件满足，否则应进行校正。

2. 校正方法

打开望远镜目镜一端十字丝分划板护盖，用螺丝刀轻轻松开四个固定螺丝，转动十字丝环，使竖丝处于铅垂位置，然后拧紧四个固定螺丝，并拧上护盖。

（三）视准轴垂直于横轴的检验与校正

视准轴不垂直于横轴所偏离的角度叫照准误差，一般用 C 表示。它是由于十字丝交点位置不正确所引起的。因照准误差的存在，当望远镜绕横轴旋转时，视准轴运行的轨迹不是一个竖直面而是一个圆锥面。所以当望远镜照准同一竖直面内不同高度的目标时，其水平度盘的读数是不相同的，从而产生测角误差。因此，视准轴必须垂直于横轴。

1. 目的

满足条件 $CC \perp HH$，使望远镜旋转时的视准面为一平面。

2. 检验方法

整平仪器后，以盘左位置瞄准远处与仪器大致同高的一点 P，读取水平度盘读数 a_1；纵转望远镜，以盘右位置仍瞄准 P 点，并读取水平盘读数 a_2；如果 a_1 与 a_2 的相差 $180°$，即 $a_1 = a_2 \pm 180°$，则条件满足，否则应进行校正。

3. 校正方法

转动照准部微动螺旋，使盘右时水平度盘读数对准正确读数 $a = 1/2[a_2 + (a_1 \pm 180°)]$，这时，十字丝交点已偏离 P 点。用校正拔针拨动十字丝环的左右两个校正螺丝，一松一紧使十字丝环水平移动，直至十字丝交点对准 P 点为止。

由此检校可知，盘左、盘右瞄准同一目标并取读数的平均值，可以抵消视准轴误差的影响。

（四）横轴垂直于竖轴的检验与校正

若横轴不垂直于竖轴，视准轴绕横轴旋转时，视准轴移动的轨迹将是一个倾斜面，而不是一个竖直面。这对于观测同一竖直面内不同高度的目标时，将得到不同的水平度盘读数，从而产生测角误差。因此，横轴必须垂直于竖轴。

1. 目的

满足条件好 $HH \perp VV$，使望远镜旋转地视准轴面为一铅垂面。

2. 检验方法

在距一洁净的高墙 20~30 m 处安置仪器，以盘左瞄准墙面高处的一固定点 P（视线尽量正对墙面，其仰角应大于 $30°$），固定照准部，然后大致放平望远镜，按十字丝交点在墙面上定出一点 A，同样再以盘右瞄准 P 点，放平望远镜，在墙面上定出一点 B，如果 A、B 两点重合，则满足要求，否则需要进行校正。

3. 校正方法

取 AB 的中点 M，并以盘右（或盘左）位置瞄准 M 点，固定照准部，抬高望远镜使其与 P 点同高，此时十字丝交点将偏离 P 点而落到 P' 点上。校正时，可拨动支架上的偏心轴承板，使横轴的右端升高或降低，直至十字丝交点对准 P 点为止。此时，横轴误差已消除。

DJ6 级光学经纬仪常见的横轴校正装置。校正时，打开仪器右端支架的护盖，放松 3 个偏心轴承板校正螺钉，转动偏心轴承板，即可使得横轴右端升降。

由于光学经纬仪的横轴是密封的，一般能够满足横轴与竖轴相垂直的条件，测量人员只要进行此项检验即可，若需校正，应由专业检修人员进行。

（五）竖盘指标差的检验与校正

观测竖直角时，采用盘左、盘右观测并取其平均值，可消除竖盘指标差对竖直角的影响，但在地形测量时，往往只用盘左位置观测碎部点，如果仪器的竖盘指标差较大，就会影响测量成果的质量。因此，应对其进行检校消除。

1. 目的

满足 $x=0$，竖盘指标水准管气泡居中时，使指标处于正确位置。

2. 检验方法

安置仪器，分别用盘左、盘右瞄准高处某一固定目标，在竖盘指标水准管气泡居中后，各自读取竖盘读数 L 和 R，计算指标差 x 值，若 $x=0$，则条件满足，否则应进行校正。

3. 校正方法

检验结束时，保持盘右位置和照准目标点不动，先转动竖盘指标水准管微动螺旋，使盘右竖盘读数对准正确读数（$R-x$），此时竖盘指标水准管气泡偏离居中位置，然后用校正拨针拨动竖盘指标水准管校正螺钉，使气泡居中。反复几次，直至 x 在限差 $±1'$ 范围之内为止。

（六）光学对中器的检验校正

1. 目的

使光学对中器视准轴与仪器竖轴重合。

2. 检验方法

首先将经纬仪安置在平坦的地上，整平后将光学对中器的十字交点（或刻画圈中心）在地面上标定出来；然后将照准部旋转 180°，若地面点的影像仍与十字丝交点重合，表明条件满足，否则，则需校正。

3. 校正方法

校正部位为两支架间光学对中器的转向棱镜座。首先松开校正螺丝 3，拧紧校正螺丝 2，使 A 点影像向横丝方向移动一半距离至 A' 位置，然后松开校正螺丝 1，同时等量拧紧校正螺丝 2、3，使 A' 点向纵丝方向再移动一半距离至 A''，即两个位置的中点为止。此项检验校正需反复进行，直至照准部旋转 180°，地面点影像离开十字交点小于 0.5 mm 为止。这项校正，有的仪器是校正转向棱镜，有的校正分划板，有的两者均可校正，视仪器而定。

六、操作技能

（一）操作案例

角度测量之前，要对经纬仪进行全面的检查和必要的校正，现对检查的项目和检验的方法进行必要的记录、计算和整理。

（二）操作步骤

1. 一般性检验

一般性检验的具体内容如下。

（1）三脚架是否牢稳；

（2）制动及微动螺旋是否有效；

（3）脚螺旋、微倾螺旋、调焦螺旋是否有效；

（4）望远镜成像是否清晰。

2. 轴线几何条件的检验

（1）圆水准器轴垂直于水准管轴。

仪器精平	圆水准气泡是否居中
第一次检验	
第二次检验	

（2）水准管器轴垂于竖轴。

仪器绕竖轴旋转 180°	气泡偏移量
第一次检验	
第二次检验	

（3）视准轴垂直于横轴。

检验次数	误差是否显著
第一次检验	
第二次检验	

（4）横轴垂直于竖轴。

检验次数	误差是否显著
第一次检验	
第二次检验	

（5）十字丝竖丝垂直于横轴。

检验次数	误差是否显著
第一次检验	
第二次检验	

（6）光学对中器。

检验次数	测站点与光学对中器十字丝中心是否重合
第一次检验	
第二次检验	

（7）指标差的检验。

检验次数	盘左读数（…）	盘右读数（…）	指标差
第一次检验			
第二次检验			
第三次检验			

（三）注意事项

（1）检验、校止顺序可以按上述规定进行。

（2）仪器检验与校正是一项难度较大的细致工作，必须经严格检验，确认需要校正时，才能进行校正，绝不可草率盲目从事。检校仪器时要反复进行，直至满足要求为止。

（3）进行检验时，点位选择要明显且便于照准。

（4）拨动校正螺丝时应先松后紧，松紧适度，校正完毕，再旋紧；校正针的粗细应与校正螺旋孔径相适应，否则会损坏校正螺旋孔径。

（5）清点仪器、工具，安全归还。

第三节　距离测量

　　距离测量是测量的基本工作之一，测量中所说的两点之间的距离，是指地面上两点垂直投影到水平面上的直线距离。在实际工作中，需要测距的两点一般不在同一水平面上，沿地面直接测量所得距离往往是倾斜距离，需要将其换算成水平距离，测定距离的方法有钢尺量距、视距测量和光电测距等。

　　钢尺量距具有操作简便，精度较高，成果可靠的特点，再加上钢尺价格低，携带方便，因此钢尺量距在施工测量中应用非常广泛。

一、钢尺量距

（一）钢尺量距的工具

主要工具是钢尺，辅助工具有测钎、标杆、垂球、弹簧秤和温度计等。

1. 钢尺

钢尺也称钢卷尺，有架装和盒装两种。钢尺长度有 20 m、30 m、50 m 不等。钢尺的基本分划有厘米和毫米两种，厘米分划的钢尺在起始的 10 cm 内刻有毫米分划。

钢尺抗拉强度高，不宜拉伸在工程测量中常用钢尺量距。钢尺性脆，容易折断和生锈，使用时要避免扭折、受潮。由于尺上零刻画位置的不同，钢尺有端点尺和刻线尺之分。端点尺以尺的最外端为尺的零点，从建筑物墙边量距比较方便，使用时要注意区分，以免出错。

2. 其他辅助工具

钢尺量距的辅助工具有标杆、测钎、垂球、弹簧秤和温度计等。

（1）标杆。标杆又称花杆，长 2~3 m，直径 3~4 cm，杆上涂以 20 cm 间隔的红、白漆，以便远处清晰可见，用于直线定线和投点。

（2）测钎。测钎用长 25~35 cm、直径为 3~4 mm 粗的铁丝制成，测钎一组为 6 根或 11 根，测钎用于分段丈量时标定每段尺端点的位置，也可作为照准标志。

（3）垂球。垂球用于在不平坦地面丈量时将钢尺的端点垂直投影到地面。

（4）弹簧秤和温度计。在用钢尺进行精密量距时控制拉力和测定温度。

（二）直线定线

当两个地面点之间的距离大于钢尺的一个尺段或地势起伏较大时，为使量距工作方便起见，可分成几段进行丈量。这种把多根标杆标定在已知直线上的工作称为直线定线。直线定线根据精度要求不同，可分为目估定线和经纬仪定线。

1. 目估定线

目估定线适用于钢尺量距的一般方法。

假设 A、B 两点互相通视，要在 A、B 两点的直线上标出分段点 1、2 等点。其做法是：先在 A、B 两点竖立好标杆，观测员甲站在 A 点标杆后约 1 m 处，用单眼通过 A 标杆一侧瞄准 B 标杆同一侧，形成一条直线；观测员乙持标杆到欲宰节点 1 处，利用食指和拇指夹住标杆的上部，稍微提起，利用重力的作用使标杆自然竖直，为了不挡住甲的视线，侧身立好标杆，根据甲的指挥左右移动标杆，当甲观测到 1 点标杆在 AB 同一侧并成一条直线时，喊"好"，乙立刻在 1 点标杆根部插下测钎，这时 1 点就是直线 AB 上的点。同法可定出 2 点等点的位置。直线定线一般应由远到近，即先定 1，再定 2，叫作走近定线法。定线两点之间的距离要小于一整尺子长，此项工作一般与丈量同时进行，即边定线边丈量。

2. 经纬仪定线

当量距精度要求较高时，必须采用经纬仪定线。假设 A、B 两点互相通视，要在 AB 直线上定出 1、2 等分段点，其做法是：把经纬仪安置在端点 A 上，对中、整平、精确地照准 B 点后制动照准部。然后将望远镜向下俯视 1 点，指挥乙手持的标志（测钎或标杆）移动，当标志与十字丝竖丝重合时，乙所持的标志就在 AB 直线上的 1 点处。用同法可以定出其余各点的位置。

另外，当场地比较平坦时，也可以用拉一条直线的方法进行定线，这种方法更简单快捷。

（三）钢尺量距的一般方法

1. 平坦地面的距离丈量

丈量工作一般由两人进行，沿地面直接丈量水平距离时，可先在地面上定出直线方向，丈量时后尺手持钢尺零点一端，前尺手持钢尺末端和一组测钎沿 A、B 方向前进，行至一尺段处停下，后尺手指挥前尺手将钢尺拉在 A、B 直线上，后尺手将钢尺的零点对准 A 点，当两人同时把钢尺拉紧后，前尺手在钢尺末端的整尺段长分划处竖直插下一根测钎得到 1 点，即量完一个尺段。前、后尺手抬尺前进。当后尺手到达插测钎处时停住，再重复上述操作，量完第二尺段。后尺手拔起地上的测钎，依次前进，直到量完 AB 直线的最后一段为止。

丈量时应注意沿着直线方向进行，钢尺必须拉紧伸直且无卷曲。直线丈量时尽量以整尺段丈量，最后丈量余长，以方便计算。丈量时应记清楚整尺段数，或用测钎数表示整尺段数。然后逐段丈量，则直线的水平距离 D 按下式计算：

$$D = nL + q$$

式中　　L——钢尺的一整尺段长，单位为 m；

n——整尺段数；

q——不足一整尺的零尺段长，单位为 m。

为了防止丈量中发生错误并提高量距精度，需要进行往返丈量，若合乎要求，取往返平均数作为丈量的最后结果，丈量精度用相对误差表示。

2. 倾斜地面的距离丈量

（1）平量法。

如果地面高低起伏不平，可将钢尺拉平丈量。丈量由 A 向 B 进行，后尺手将尺的零端对准 A 点，前尺手将尺抬高，并且目估使尺子水平，用垂球尖将尺段的末端投于 AB 方向线的地面上，再插以测钎，依次进行丈量 AB 的水平距离。

（2）斜量法。

当倾斜地面的坡度比较均匀时，可沿斜面直接丈量出 AB 的倾斜距离 D'，测出地面倾斜角 α 或 AB 两点间的高差 h，可以出计算 AB 的水平距离 D，即 $D = D' \cos \alpha$

（四）钢尺的精密量距方法

当用钢尺进行精密量距时，钢尺必须经过检定并得出在检定时拉力与温度的条件下应有的尺长方程式。丈量前应先用经纬仪定线，如地势平坦或坡度均匀，可将测得的直线两端点高差作为倾斜改正的依据；若沿线地面坡度有起伏变化，标定木桩时应注意在坡度变化处两木桩间距离略短于钢尺全长，木桩顶高出地面 2~3 cm，桩顶用 "+" 来标示点的位置，用水准仪测定各坡度变换点木桩桩顶间的高差，作为分段倾斜改正的依据。丈量时钢尺两端都对准尺段端点进行读数，如钢尺仅零点端有毫米分划，则须以尺末端某分米分划对准尺段一端以便零点端读出毫米数。每尺段丈量三次，以尺子的不同位置对准端点，其移动量一般在 1 dm 以内。三次读数所得尺段长度之差视不同要求而定，一般不超过 2~5 mm，若超限，需进行第四次丈量。丈量完成后还须进行成果整理，即改正数计算，最后得到精度较高的丈量成果。

（五）钢尺置距的误差分析和注意事项

1. 钢尺置距的误差分析

影响钢尺量距精度的因素很多，下面简要分析产生误差的主要来源和注意事项。

（1）尺长误差。

钢尺的名义长度与实际长度不符，就产生尺长误差，用该钢尺所量距离越长，则误差累积越大。因此，新购的钢尺必须进行检定，以求得尺长改正值。

（2）温度误差。

钢尺丈量的温度与钢尺检定时的温度不同，将产生温度误差。按照钢的线膨胀系数计算，温度每变化 1℃，丈量距离为 30 m 时对距离的影响为 0.4 mm。在一般量距时，丈量温度与标准温度之差不超过 ±8.5℃时，可不考虑温度误差。但精密量距时，必须进行温度改正。

（3）拉力误差。

钢尺在丈量时的拉力与检定时的拉力不同而产生的误差。拉力变化 68.6 N，尺长将改变 1/10000。以 30 m 的钢尺来说，当拉力改变 30~50 N 时，引起的尺长误差将有 1~1.8 mm。如果能保持拉力的变化在 30 N 范围之内，这对于一般精度的丈量工作是足够的。对于精确的距离丈量，应使用弹簧秤，以保持钢尺的拉力是检定时的拉力，通常 30 m 钢尺施力 100 N，50 m 钢尺施力 150 N。

（4）钢尺倾斜和垂曲误差。

量距时钢尺两端不水平或中间下垂成曲线时，都会产生误差。因此丈量时必须注意保持尺子水平，整尺段悬空时，中间应有人托住钢尺，精密量距时须用水准仪测定两端点高差，以便进行高差改正。

（5）定线误差。

由于定线不准确，所量得的距离是一组折线而产生的误差称为定线误差。丈量 30 m 的距离，若要求定线误差不大于 1/2000，则钢尺尺端偏离方向线的距离就不应超过 0.47 m；若要求定线误差不大于 1/10000，则钢尺的方向偏差不应超过 0.21 m。在一般量距中，用标杆目估定线能满足要求。但精密量距时需用经纬仪定线。

（6）丈量误差。

丈量时插测钎或垂球落点不准，前、后尺手配合不好以及读数不准等产生的误差均属于丈量误差。这种误差对丈量结果影响可正可负，大小不定。因此，在操作时应认真仔细、配合默契，以尽量减少误差。

2. 钢尺量距的注意事项

（1）应注意钢尺的零点位置和尺面注记。

（2）前、后尺手须密切配合，尺子应拉直，用力要均匀，对点要准确，保持尺子水平。

读数时应迅速、准确、果断。

（3）定线要准确，拉尺要平、稳、紧，测钎要竖直。

（4）注意保护钢尺，严防钢尺打卷、车轧和沿地面拖拉钢尺。前进时，应有人在钢尺中部将钢尺托起。

（5）每次使用完毕，应及时擦净上泊，防止生锈。

二、视距测量

视距测量是用望远镜内视距丝装置，根据几何光学原理同时测定距离和高差的一种方法。这种方法具有操作方便，速度快，不受地面高低起伏限制等优点，但测距精度较低，一般相对误差为 1/300~1/200。虽然精度较低，但能满足测定碎部点位置的精度要求，因此被广泛应用于碎部测量中。视距测量所用的主要仪器和工具是经纬仪及视距尺。

（一）视距测量误差

视距测量的精度较低，在较好的条件下，视距测量所测平距的相对误差约为 1/300~1/200。

读数误差用视距丝在视距尺上读数的误差，与尺子最小分划的宽度、水平距离的远近和望远镜放大倍率等因素有关，因此读数误差的大小，视使用的仪器和作业条件而定。

垂直折光影响视距尺不同部分的光线是通过不同密度的空气层到达望远镜的，越接近地面的光线受折光影响越显著。经验证明，当视线接近地面在视距尺上的读数时，垂直折光引起的误差较大，并且这种误差与距离的平方成比例地增加。

视距尺倾斜所引起的误差视距尺倾斜误差的影响与竖直角有关，尺身倾斜对视距精度的影响很大。

（二）视距测量注意事项

（1）为减少垂直折光的影响，观测时应尽可能使视线离地面 1 m 以上，

（2）作业时，要将视距尺竖直，并尽量采用带有水准器的视距尺；

（3）要严格测定视距常数尺，尺值应在 100±0.1 之内，否则应加以改正；

（4）视距尺一般应是厘米刻画的整体尺。如果使用塔尺应注意检查各节尺的接头是否准确；

（5）要在成像稳定的情况下进行观测。

（三）罗盘仪使用

罗盘仪是主要用来测量直线的磁方位角的仪器，也可以粗略的测量水平角和竖直角，还可以进行视距测量。

1. 罗盘仪的构造

罗盘仪主要由刻度盘、望远镜和磁针三部分组成。

2. 直线磁方位角的测量

（1）将仪器搬到测线的一端，并在测线另一端插上标杆。

（2）安置仪器。

①对中。将仪器装于三脚架上，并挂上锤球后，移动三脚架，使垂球尖对准测站点，此时仪器中心与地面点处于同一条铅垂线上。

②整平。松开仪器球形支柱上的螺旋，上、下俯仰度盘位置，使度盘上的两个水准气泡同时居中，旋紧螺旋，固定度盘，此时罗盘仪主盘处于水平位置。

（3）瞄准读数。

①转动目镜调焦螺旋，使十字丝清晰。

②转动罗盘仪，使望远镜对准测线另一端的目标，调节调焦螺旋，使目标成像清晰稳定，再转动望远镜，使十字丝对准立于测点上的标杆的最底部。

③松开磁针制动螺旋，等磁针静止后，从正上方向下读取磁针指北端所指的读数，即为测线的磁方位角 B。

④读数完毕后，旋紧磁针制动螺旋，将磁针顶起以防止磁针磨损。

3. 使用罗盘仪注意事项

（1）在磁铁矿区或离高压线、无线电天线、电视转播台等较近的地方不宜使用罗盘仪，有电磁干扰现象；

（2）观测时一切铁器等物体，如斧头、钢尺、测钎等不要接近仪器；

（3）读数时，眼睛的视线方向与磁针应在同一竖直面内，以减小读数误差；

（4）观测完毕后搬动仪器应拧紧磁针制动螺旋，固定好磁针以防损坏磁针。若磁针长时间摆动还不能静止，那说明仪器使用太久，磁针的磁性不足，应进行充磁。

三、电磁波测距

电磁波测距也称光电测距，它是用电磁波（光波、微波）作为载波的测距仪器来测量两点间距离的一种方法。

（一）电磁波测距仪的分类

（1）按其所采用的载波可分为以下 3 种。

①微波测距仪。

②激光测距仪。

③红外测距仪。

（2）按测程可分为以下 3 种。

①短程测距仪：测程＜ 3 km，用于普通工程测量。

②中程测距仪：测程为 3~15 km，用于一般等级的控制测量。

③远程测距仪：测程 > 15 km，用于高等级的三角测量和特级导线控制测量。

（3）按光波在测段内传播的时间测定可分为以下 3 种。

①脉冲式测距仪。

②相位式测距仪。

（4）按测距精度分为两级。

①Ⅰ级测距仪：$mD \leqslant 5$ mm。

②Ⅱ级测距仪：5 mm $\leqslant mD \leqslant 10$ mm。

（二）电磁波测距仪的优点

（1）测程远、精度高。

（2）受地形限制少。

（3）作业快、工作强度低。

微波测距仪和激光测距仪多用于远程测距，红外测距仪用于中、短程测距。在工程测量和地形测量中，大多采用相位式短程红外测距仪。

（三）测距仪的使用方法

（1）将测距仪（或全站仪）与反射棱镜分别安置于测程两端点。

（2）接通电源后照准反射棱镜中心，检查经反射棱镜返回的光强信号，符合要求即可开始测距（若测程小于 100 m，应启用滤光器，以免反射光过强损坏仪器）。

（3）按下测距仪操作面板上的测量功能键进行测量距离，显示屏即可显示测量结果。为提高测距精度，一般重复 3~5 次，若较差不超过 5 次，则取平均值作为一测回观测值。

（四）电磁波测距的注意事项

（1）防止日晒雨淋，在仪器使用和运输中应注意防震。

（2）严防阳光及其他强光直射接受物镜，以免损坏光电器件。

（3）仪器长期不用时，应将电池取出。

（4）测线应离开地面障碍物一定高度，避免通过发热体和较宽水面上空，避开强电磁场干扰的地方。

（5）棱镜的后面不应有反光镜和强光源等背景干扰。

（6）应在大气条件比较稳定和通视良好的条件下观测。

第四节　小地区控制测量与 GPS 测量

测量工作必须遵循"从整体到局部，先控制后碎部"的原则。这里的"整体"是指控制测量，控制测量是研究精确测定地面点的空间位置的学科。由这些点位构成的网形称为控制网，其任务是作为较低等级测量工作的依据，在精度上起控制作用。而导线是布设平面控制网的方法之一，下面我们首先对控制测量做一下简单介绍。

一、控制测量概述

（一）控制测量的意义

在地形测量过程中，由于受到仪器自身的几何条件不完善、外界条件的影响以及采用不同的测量方法等多种因素的影响，使得测量结果不可避免地产生一些误差，而且随着距离的不断增加，误差累积越来越大，最终结果将不能满足测图或工程的需要。因此为了消除这些误差的影响或使这些误差降到最低，在测图之前，必须选择一些具有控制意义的点并均匀分布在整个测区，用比较精密的仪器和方法把它们的位置测定出来，然后再在这些点上测定该点附近的地物和地貌。这些具有控制意义的点被称为地形控制点，也叫图根控制点。测定控制点的点位的工作被称为控制测量，后者则叫碎部测量。由这些控制点组成的几何图形被称为控制网。由于控制点数量较少，并用比较精密的仪器和方法测定出来的，所以易于保证较高的精度。而碎部点测量的精度虽然比控制点低，但由于碎部点是根据较高精度的控制点测定的，并且它们之间是相互独立的，误差不会累积，所以其精度也可以保证。同时，由于控制测量在先期进行，控制点已经较均匀地覆盖了整个测区，便于多个作业组以同一控制基准同时分开作业，进行碎部测量，加快了测量任务的完成。综上所述，在控制测量中，必须遵循"由高级到低级，从整体到局部"的原则，布网密度一定要满足测图或工程的需要。

（二）控制测量的方法

控制测量包括平面控制测量和高程控制测量两种。平面控制测量按测量方法的不同，可分为三角测量、三边测量、导线测量、GPS 测量等。三角测量是将三角形 3 个内角测定出来，并测定其中一条边，然后根据三角公式解算出各点的坐标；三边测量是测定三角形的 3 条边，然后根据三角公式解算出各点的坐标；导线测量则是测量各边的边长及转折角，根据解析几何的知识解算各点的坐标；GPS 测量是利用卫星定位的方法确定各点坐标的一种方法。

1. 平面控制测量

平面控制测量的任务是建立平面控制网，精确测定点的平面坐标。平面控制网建立的方法主要有三角网测量、导线测量和卫星定位测量等。

三角网测量是在地面上选择一系列平面控制点，组成许多互相连接的三角形，成网状的称为三角网，成条状的称为三角锁。在这些平面控制点上，用精密仪器进行观测，经过严密计算，求出各点的平面坐标。用三角网测量的方法确定的平面控制点称为三角点。

在地面上选择一系列控制点，将其依次连成折线，称为导线。测出导线中各折线边的边长和转折角，然后计算出各控制点的坐标，其工作过程称为导线测量。用导线测量的方法确定的平面控制点成为导线点。

全球定位系统（GPS）测量是随着科技的进步以及现代化仪器的应用而产生的，三角测量这种传统的定位技术已经逐步被 GPS 所取代。我国已制定了 GPS 测量规范，并建立了基本适应需要的控制网。

2. 高程控制测量

高程控制测量的任务是建立高程控制网，精确测定点的高程。高程控制测量常用的方法有两种，即水准测量和三角高程测量。水准测量是利用水准仪测定两点之间的高差，从而计算出待定点的高程的一种方法；而三角高程测量是利用经纬仪测定两点之间的倾角，利用三角关系解算出两点的高差，从而计算出待定点的高程的一种方法。

（三）小地区控制测量

由于全国性的控制点的密度比较小，远远不能满足大比例尺地形测图和工程建设测量的需要，为此必须进行小地区控制测量（图根控制测量）。小地区控制测量的目的在于，进一步加密精度低一级而有足够数量的控制点，以直接供测图使用。小地区控制网，也有高程控制网和平面控制网。高程控制网采用四等及等外水准测量和三角高程测量的方法进行。平面控制网采用导线测量、小三角测量等方法进行。

（四）导线测量

导线测量是建立小地区平面控制网的一种常用方法。导线就是一系列线段连接而成的折线，折线的转折点就是导线点；两转折点之间的线段，称为导线边；相邻两导线边所夹的水平角，称为转折角。

导线测量，是在选定的导线点上依次测量出其转折角及其各导线边的边长，然后根据已知边的方位和已知点的坐标，推算出各导线点的坐标。

导线一般是在高一级平面控制点的基础上布设的。由于它只要求相邻导线点之间互相通视，因此布设灵活，特别适合在建筑物比较密集的城镇、工矿企业以及森林隐蔽地区等，便于测量，并且精度比较均匀。

1. 导线的布设形式

根据测区的实际情况与要求，按照与高级控制点的连接形式不同，经纬仪导线可以布设成以下几种形式。

（1）闭合导线。

导线从一已知高级控制点 A 出发，经过各导线点后，最后仍回到这个已知点上，A 点与各导线点依次相连，组成一个闭合的多边形，这种形式的导线称为闭合导线。MA 为已知高级控制点，β 称为导线转折角，已知边 MA 与第一条导线边 A_1 的夹角 β，称为连接角。

（2）附合导线。

导线从一已知高级控制点 A 出发，经过各导线点后，最后终止于另一个已知的高级控制点，控制点的连线组成一伸展的折线，这种形式的导线称为附合导线。M、A、B、N 为已知点，A 为导线的起点，B 为导线的终点，同样 β_1 称为导线转折角，而 β_A、β_B 为连接角。

（3）支导线。

导线从一已知高级控制点 A 出发，既不回到原高级点 A，又不符合到另一高级已知控制点上，而组成一延伸的折线，这种形式的导线称为支导线。

由于支导线没有终止到已知高级点上，没有检核限制条件，如出现错误不易发现，因此应用很少。在特殊情况下非用不可时，一般支导线不宜超过 3 条边，并且需要往返测量，以便检核。

导线测量分为外业工作和内业工作，下面首先介绍导线测量的外业工作。

2. 导线测量的外业工作

导线测量的为外业工作包括踏勘选点及建立标志、测角、量边和连接测量。

（1）踏勘选点与建立标志。

导线点的选择直接关系到经纬仪导线测量外业工作的难易程度，关系着导线点的数量和分布是否合理，也关系到整个导线测量的精度和速度以及导线点的使用和保护，因此在选点前应进行周密的分析和研究。

根据测图比例尺及测图范围的不同，铺设的图根控制网的等级也不同，对导线的总长、平均边长以及导线点位置等都有一定的要求。为了满足这些要求，踏勘选点前，应根据测区范围及原有资料（已有控制点、地形图）及测图和工程施工的需要，首先进行导线点位的设计。为此，需要在测区原有的地形图上画出测区范围，标出已知控制点的位置，根据地形条件，在图上拟定出导线的路线、形式和点位。然后，带着图纸到测区进行实地踏勘，按照实际情况，对图上设计做必要的修改与调整。若测区没有旧地形图，或测区范围较小，也可以直接到测区进行实地踏勘，按照实际情况，直接拟定导线的路线、形式和点位。

为了使导线有充分的检核条件，应尽可能将导线布设成单一的闭合导线或附合导线，尽量避免采用支导线。

导线点位的选择应注意以下几个方面：

①点位应选在土质坚实、稳固可靠、便于保存的地方，视野应相对开阔，便于加密、扩展和寻找。

②相邻导线点必须相互通视，便于测角与量距。如采用钢尺量距，则导线点之间的地面应比较平缓；若采用光电测距仪或全站仪测距，则地形条件不限，但要求相邻导线点之

间视线要避开烟囱、散热塔、散热池等发热体及强电磁场等。

③导线边长最好大致相等，以减少测水平角时望远镜调焦而引起的误差，尤其避免从长边突然转向短边。导线的边长要符合《城市测量规范》的要求。

④导线点在测区内尽量均匀分布，便于控制整个测区，保证精度。

导线点选定后，应根据需要埋设永久性木桩（水泥桩）或打木桩作为临时标志。导线点应分等级统一按顺序编号，便于测量资料的保存与管理。为了便于寻找和使用，应绘制选点略图和点之记。

（2）测角。

导线的转折角有左角和右角之分，导线前进方向左侧的水平角，称为左角；导线前进方向右侧的水平角，称为右角。为了防止差错和便于计算，应观测导线前进方向同一侧的水平角。测量人员一般习惯于观测左角，因为这样在内业计算中推算方位角时只进行加法即可。

角度观测方法常用的一般有两种，即测回法和方向观测法。导线的边长一般较短，仪器对中、瞄准都要特别仔细，瞄准目标时，应尽量照准觇标的底部。导线点水平角观测的技术要求，可参照《城市测量规范》。

（3）量边。

导线的边长可以用检定过的钢尺丈量，当图根导线作为首级控制时，要往返丈量，往返丈量的相对误差不应大于1/4000。量边也可以用光电测距仪或全站仪单向施测完成，此时应加入气象、倾斜等改正数。

（4）连接测量。

导线的连接测量就是新布设导线与原有高级控制点之间的联系观测，即测定连接角。导线测量的导线虽然起止于已知控制点上，但为了控制导线的方向，必须测定连接角，该项工作称为导线定向。连接角为已知边与第一条或最后一条导线边之间的水平角，也称定向角。连接角要精确测定。为了防止在导线定向时可能产生的错误（如瞄准目标、测角粗差等），在已知点上若能看到两个已知点时，则应观测两个连接角，这样就可以检核连接角的正确与否。下面就简单介绍一下直线定向问题。

3. 直线定向

在测量工作中常常需要确定两点间平面位置的相对关系。要确定这种关系，仅仅知道两点间的距离是不够的，还需要知道这条直线的方向。测量工作中，一条直线的方向是根据某一标准方向来确定的，通常用直线与一个标准方向之间的水平夹角来描述。确定一直线与标准方向之间的水平夹角称为直线定向。

（1）标准方向的种类。

①真子午线方向。

过地球南北极的子午线，称为真子午线。过真子午线上任一点所做的切线方向，称为该点的真子午线方向，其指北的一端称为真北方向。可以用天文测量的方法或陀螺经纬仪测定。

②磁子午线方向。

过地球南北两个磁极的子午线，称为磁子午线。过磁子午线上任一点所做的切线方向，称为该点的磁子午线方向，其指北的一端称为磁北方向。它是磁针在该点自由静止时的指向，可以用罗盘仪测定。

因为地球的地理南北极和相应的磁极不重合，所以过地面上同一点的真子午线方向与磁子午线方向不重合。二者之间的夹角，称为该点的磁偏角，一般以 δ 表示。磁子午线方向在真子午线方向的东侧称为东偏，规定 δ 为正值；反之，称为西偏，δ 为负值。

③坐标纵轴方向。

这里的坐标纵轴方向，是指高斯投影带中的中央子午线方向。过投影带内任意一点的坐标纵轴方向都互相平行。

除了中央子午线上的点以外，投影带内其他各点的真子午线方向与坐标纵轴方向也不重合。二者间的夹角，称为子午线收敛角，y 以表示，规定坐标纵轴方向在真子午线方向东侧 y 为正值；反之，y 为负值。

测量中，称真北方向、磁北方向和坐标轴北方向为"三北方向"。

（2）表示直线方向的方法。

测量中，常用方位角表示直线的方向。由标准方向的北端起顺时针到某一直线的水平夹角，称为该直线的方位角，它的取值范围是 0°~360°。

由真北方向起顺时针到某一直线的水平夹角，称为该直线的真方位角，一般用 A 表示；由磁北方向起顺时针到某一直线的水平夹角，称为该直线的磁方位角，一般用 A_m 表示；由坐标纵轴北端起顺时针到某一直线的水平夹角，称为该直线的坐标方位角，一般用 α 表示。

当已知某直线起点的磁偏角、子午线收敛角和一种方位角时，可以方便地求出另外两种方位角。

测量工作中，通常采用坐标方位角表示直线的方向，坐标方位角有正、反之分。直线前进方向的坐标方位角称为真坐标方位角，其相反方向的坐标方位角称为反坐标方位角。

二、操作技能

（一）操作案例

拟在某校园内布设一条闭合导线，为测绘其大比例尺的地形图做准备。

（二）操作步骤

（1）踏勘选点，建立标志。根据校园的地形和建筑物的分布情况，选择一条合适的路线，然后选定导线点做好标志。注意要按导线点选点的要求进行。

（2）测角。按照选好的导线点，沿导线的某一前进方向采用经纬仪用测回法测定导线的转折角。也可用全站仪进行角度测量。

（3）量边。用检定过的钢尺量取每一条边的边长，用往返丈量的方法，其相对误差不应大于 1/3000。如果是用全站仪测角，可直接测出各导线边的边长。

（4）连接测量。新布设的导线与高等级控制点之间的联系测量，要测量连接水平角，其测量方法与前述角度测量方法相同。

（三）注意事项

（1）选点时要注意相邻点位要相互通视；点要选在视野开阔，容易观测和安置仪器的地方。

（2）要注意不要让相邻导线边边长悬殊太大。

（3）测角时要注意严格对中、整平，瞄准目标时尽量瞄准标志的底端，以减小测角误差。

（4）量距时，要先定线再量距；量距时要两人同时用力将钢尺拉直、拉平、拉稳后，同时进行读数，要量两次取其平均值作为最后结果。

三、GPS 测量

（一）GPS 系统

全球定位系统是用人造地球卫星进行点位测量的系统。它具有测站点选择灵活、测量精度高、速度快、全天候观测、作业范围广等优点。因此，广泛用于海空导航、导弹制导、动态观测、时间传递、速度测量和车辆引导等领域。在测绘技术和工程建设方面，不仅在建立大地控制网、全球性的地球参数测量、板块运动状态监测、航空航天参数测定、建立陆地海洋大地测量基准等方面得到应用，而且在工程建设的规划、设计、施工、验收与监测、大型精密设备安装、变形观测、线路测量和精密工程测量等方面也日益广泛地得到应用。

1. GPS 简介

为了满足军事部门和民用部门对连续实时和三维导航的迫切要求，1973 年美国国防部便开始组织海陆空三军，共同研究建立新一代卫星导航系统的计划。这就是目前所称的"授时与测距导航系统 / 全球定位系统"，通常简称为"全球定位系统（GPS）"。

GPS 是利用卫星发射的无线电信号进行导航定位，相对于常规的测量手段来说，这一新技术的主要特点如下所述。

（1）测站间无须通视。

GPS 测量不要求测站之间相互通视，因而不再需要建造觇标。这一优点既可大大减少测量工作的时间和经费，同时又使点位的选择更为灵活。

（2）定位精度高。

已有大量实践证明，目前在小于 50 km 的基线上，其相对定位精度可达 10^{-6}，而在 100~500 km 的基线上可达 $10^{-6}\sim10^{-7}$。随着观测技术与数据处理技术的改善，有望在大于

1000 km 的距离上，相对定位精度达到或优于 10^{-8}。

（3）观测时间短。

目前，利用经典的相对静态定位方法，完成一条基线的相对定位所需要的观测时间，根据精度的不同，为 1~3 h。为了进一步缩短观测时间，提高作业速度，近年来发展的短基线（不超过 20 km）快速相对定位，其观测时间仅需几分钟。

（4）提供三维坐标。

GPS 测量中，在精确测定测站平面位置的同时，还可以精确测定测站的大地高程。GPS 测量的这一特点，不仅为研究大地水准面的形状和测定地面点的高程开辟了新的途径，同时也为其在航空物探、航空摄影测量及精密导航中的应用，提供了重要的高程数据。

（5）操作简便。

GPS 的自动化程度很高，观测中测量员的主要任务只是安置并开关仪器、量取仪器高度、监视仪器的工作状态、采集观测环境的气象数据，而其他观测工作，如卫星的捕获、跟踪观测、数据记录等均由仪器自动完成。

（6）全天候作业。

GPS 测量工作，可以在任何时间、任何地点连续地进行，一般不受天气状况的影响。GPS 定位技术的发展是对经典测量技术的一次重大突破。一方面，它使经典的测量理论与方法产生了深刻的变革；另一方面，也进一步加强了测量学科与其他学科之间的相互渗透，从而促进了测绘科学技术的现代化发展。

GPS 于 1986 年开始引入我国测绘界，目前已在测绘行业中广泛使用。广大测绘工作者在 GPS 应用基础研究和实用软件开发等方面取得了大量的成果，全国大部分省市都利用 GPS 定位技术建立了 GPS 控制网，并在大地测量、南极长城站精确定位和西北地区的石油勘探等方面显示出 GPS 定位技术的无比优越性和应用前景。在工程建筑测量中，也已开始采用 GPS 技术，如北京地铁 GPS 网、云台山隧道 GPS 网、秦岭铁路隧道施工 GPS 控制网等。卫星定位技术的引入已引起了测绘技术的一场革命，从而使测绘领域步入一个崭新的时代。

2. GPS 的组成

GPS 系统包括空间部分（GPS 卫星星座）、地面监控站（地面控制系统）、用户设备（GPS 信号接收机）三部分。

（1）空间部分。

GPS 的空间部分是由空间运行的多颗卫星按一定的规则组成的 GPS 卫星星座，由 21 颗工作卫星和 3 颗在轨备用卫星共同组成。它的作用是向用户连续不断地发送导航定位信号（称为 GPS 信号）。卫星的运行周期，即绕地球一周的时间约为 12 恒星时。这样的卫星分布，除极个别地方在不长时间之外，地球上任何地点、任何时刻均可同时观测到至少 4 颗 GPS 卫星，进行导航定位，解算测站的三维坐标。

每颗卫星连续地发送两个不同频率的无线电波，载波上调制了多种信号，最主要的信号时测距码和导航电文。测距码又称"伪随机噪声码"，它包括粗捕提码（C/A 码）和精捕捉码（P码），用于测量卫星到地面点接收机的距离。导航电文包括卫星星历、时钟改正参数、电离层延时改正和卫星工作状态等，用于计算卫星的轨道参数。测距码和导航电文以二进制码发送给用户，故这些数据又称为数据码（D码）。

（2）地面监控站。

GPS的地面监控部分由分布在全球的若干个跟踪站所组成的监控系统构成。根据其作用的不同，这些跟踪站又被分为1个主控站、5个监控站和3个注入站。主控站配有大型计算机，用于收集数据、编算导航电文、诊断卫星状态和调度卫星，并对地面监控站实时全面控制，所有监控站的数据都传输到该站处理；当卫星偏位时，负责校正卫星轨道；当某颗卫星发生故障时，指挥调用备用卫星。注入站的功能是当卫星飞越注入站上空时，选取该卫星的导航数据用S波段将其注入该卫星，进而通过卫星用导航电文发给用户。监控站的坐标均已精确测定，各站都安装有GPS接收机和原子钟等，其功能是为编算导航电文提供数据。

（3）用户设备。

用户设备部分由GPS信号接收机、GPS数据的后处理软件及相应的用户设备所组成。其作用是接收、跟踪、变换和测量GPS卫星所发射的GPS信号，以达到导航和定位的目的。GPS信号接收机由天线单元和接收单元两部分组成。天线单元用于捕获、跟踪、接收、放大GPS信号；接收单元用于记录GPS信号，并对其进行解调和滤波处理，还原成GPS导航数据，求解信号在站星间的传播时间或载波相位差，实时地获得定位数据。或者将GPS信号记录下来采用测后处理的方式获得定位数据。用户设备一般为计算机及其终端设备、气象仪等，主要功能是对所接收到的GPS信号进行变换、放大和处理，以便测量出GPS信号从卫星到接收机天线的传播时间，解译出GPS卫星所发送的导航电文，实时地计算出测站的三维位置，甚至三维速度和时间，并经简单数据处理而实现实时导航和定位。数据处理软件是指各种后处理软件包，其主要作用是对观测数据进行精加工，以便获得精密定位结果。

GPS接收机种类很多，按其接收通道的工作原理可分为调制码相关（简称码相关）、调制码相位（简称码相位）和载波平方三类，每一类又有单、双频之分。目前，国际上已推出50余种测量GPS接收机，如瑞士徕卡公司的200、300、350、MC-1000型，美国天宝公司的GPS-4600LS型和GPS-4000S系列，蔡司RM-24型，中国南方测绘仪器公司的NGS-200型及NGD-50系列等。现在又有众多的手持机，使用更为方便，如GARMIN公司的GPS48、GPS45C、GPS38C、GPS Ⅱ、GPS Ⅲ等。

3.GPS坐标系统

任何一项测量工作都需要一个特定的坐标系统（基准）。由于GPS是全球性的定位导航系统，其坐标系统也必须是全球性的，根据国际协议确定，称为协议地球坐标系。目前，GPS测量中使用的协议地球坐标系称为1984年世界大地坐标系（WGS-84）。

WGS-84是GPS卫星广播星历和精密星历的参考系，它由美国国防部制图局所建立并公布的。从理论上讲它是以地球质心为坐标原点的地固坐标系，其坐标系的定向与

BIH1984.0 所定义的方向一致。它是目前最高水平的全球大地测量参考系统之一。

现在，我国已经建立了 1980 年国家大地坐标系（C80），它与 WGS-84 世界大地坐标系之间可以相互转换。

（二）GPS 定位测量

GPS 定位测量可分为静态、动态、快速静态和准动态测量四类。静态定位是接收机在测站上静止不动，高精度地测量 GPS 信号的传播时间，联同 GPS 卫星在轨的已知位置，从而算出固定不动的接收天线的三维坐标。动态定位是将一台接收机安置在坐标已知的基点上，在整个观测时间固定连续地跟踪卫星；另一台安置在移动平台（称为"载体"）上，沿既定线路测定平台的运动轨迹，从而可解算得载体的坐标。快速静态与准动态定位类似于前两种，但在坐标解算上的处理方式不同。

四、GPS 的测量实施

GPS 测量工作与经典大地测量工作相类似，按其性质可分为外业和内业两大部分。

GPS 测量工作的外业工作主要包括选点（即观测站址的选择）、建立观测标志、野外观测作业以及成果质量检核等；内业工作主要包括 GPS 测量的技术设计、测后数据处理以及技术总结等。如果按照 GPS 测量实施的工作程序，则大体可分为这样几个阶段：技术设计、选点与建立标志、外业观测、成果检核与处理。技术设计是工作的纲要和计划，主要包括确定 GPS 测量的精度指标、网形设计、作业模式选择和观测工作的计划安排等。另外，技术设计还应包括观测卫星的选择、仪器设备和后勤交通的准备等。

GPS 测量是一项技术复杂、要求严格、耗费较大的工作，对这项工作总的原则是：在满足用户要求的情况下，尽可能地减少经费、时间和人力的消耗。因此，对其各阶段的工作都要精心设计和实施。

（一）GPS 测量系统测量的工作程序

1. GPS 网的技术设计

GPS 网的技术设计是 GPS 测量工作实施的第一步，是一项基础性工作。这项工作应根据网的用途和用户的要求来进行，其主要内容包括精度指标的确定、网的图形设计和网的基准设计。

（1）精度指标。

对 GPS 网的精度要求，主要取决于网的用途。精度指标通常均以网中相邻点之间的距离误差来表示。

根据 GPS 网的不同用途，其精度可划分为五类标准，见表 2-4。

表 2-4　不同级别 GPS 网的精度标准

类别	测量类型	常量误差 /mm	比例误差
A	地壳形变测量或国家高精度 GPS 网	≤ 5	≤ 0.1
B	国家基本控制测量	≤ 8	≤ 1
C	控制网加密、城市测量、工程测量	≤ 10	≤ 5
D	控制网加密、城市测量、工程测量	≤ 10	≤ 10
E	控制网加密、城市测量、工程测量	≤ 10	≤ 20

在 GPS 网总体设计中，精度指标是比较重要的参数，它的数值将直接影响 GPS 网的布设方案、观测数据的处理以及作业的时间和经费。在实际设计工作中，用户可根据所做控制的实际需要和可能合理地制定。

（2）GPS 网的图形设计。

常规控制测量中，控制网的图形设计十分重要。而在 GPS 测量时，由于不需要点间通视，因此图形设计灵活性比较大。

GPS 网一般应通过独立观测边构成闭合图形，例如三角形、多边形或附和线路，以增加检核条件，提高网的可靠性。GPS 测量有很多优点，如测量速度快、测量精度高等，但是由于是无线电定位，受外界环境影响大，所以在图形设计时应重点考虑成果的准确可靠，应考虑有较可靠的检验方法。

GPS 网点应尽量与原有地面控制网点相重合。重合点一般不应少于 3 个（不足时应联测）且在网中应分布均匀，以便可靠地确定 GPS 网与地面网之间的转换参数。

GPS 网点虽然不需要通视，但是为了便于用常规方法联测和扩展，要求控制点至少与一个其他控制点通视，或者在控制点附近 300 m 外布设一个通视良好的方位点，以便建立联测方向。为了利用 GPS 进行高程测量，在测区内 GPS 网点应尽可能与水准点重合，而非重合点一般应根据要求以水准测量方法（或相当精度的方法）进行联测，或在网中设一定密度的水准联测点，进行同等级水准联测。

GPS 网点尽量选在天空开阔、交通方便地点，并要远离高压线、变电所及微波辐射干扰源。

根据 GPS 测量的不同用途，GPS 网的布设按网的构成形式可分为星形连接式、点连式、边连式、网连式及边点混合连接式等。选择怎样的网，取决于工程所要求的精度、外业观测条件及 GPS 接收机数量等因素。

①星形连接式。星形图的几何图形简单，直接观测边之间不构成任何闭合图形，所以检验和发现粗差的能力较差。这种图形的主要优点是作业中只需要两台 GPS 接收机，作业简单，是一种快速定位作业方式，广泛地应用于精度较低的工程测量、边界测量、地籍测量和地形测图等领域。

②点连式。点连式是指仅通过一个公共点将两个相邻同步图形连接在一起。点连式布网主要的优点是作业效率高、图形扩展迅速。但点连式布网所构成的图形几何强度很弱，没有或极少有非同步图形闭合条件，所构成的网形抗粗差能力不强。一般在作业中不单独采用。

③边连式。边连式是指通过一条公共边将两个同步图形之间连接起来。边连式布网有较多的重复基线和独立环，有较好的几何强度。与点连式上比较，在相同的仪器台数条件下，观测时段数将比点连式大大增加。

④网连式。网连式是指相邻同步图形之间有两个以上的公共点相连接，相邻图形间有一定的重叠。这种作业方法需要 4 台以上的接收机。采用这种布网方式所测设的 GPS 网具有较强的图形强度和较高的可靠性，但作业效率低，花费的经费和时间较多，一般仅适于要求精度较高的控制网测量。

⑤边点混合连接式。在实际作业中，由于上述几种布网方案都存在缺点，所以把点连式与边连式有机地结合起来，组成边点混连接式网。这种连接方式是实际作业中较常采用的布网方式，能保证网的几何强度，提高网的可靠指标，能有效地发现粗差，这样既减少了外业工作量，又降低了成本。

（3）基线长度。

GPS 接收机对收到的卫星信号量测可达毫米级的精度。但是，由于卫星信号在大气传播时不可避免地受到大气层中电离层及对流层的扰动，导致观测精度降低。因此在 GPS 测量中，通常采用差分的形式，用两台接收机来对一条基线进行同步观测。在同步观测同一组卫星时，大气层对观测的影响大部分都被抵消了。基线越短，抵消的程度越显著，因为这时卫星信号通过大气层到达两台接收机的路径几乎相同。

因此，建议在设计基线边时以 20 km 范围以内为宜。基线边过长，一方面观测时间势必增加，另一方面由于距离增大而导致电离层的影响有所增强。

（4）GPS 网的基准设计。

在卫星定位系统中，卫星主要视作位置已知的高空观测目标。所以，为了确定接收机的位置，GPS 卫星的瞬时位置通常归化到统一的地球坐标系统。现在卫星定位系统采用的 WGS-84 坐标系统，是一个精确的全球大地坐标系统。而我国的国家大地坐标系采用的是 1954 北京坐标系及 1980 西安坐标系。通常在工程测量中，还往往采用独立的施工坐标系。因此，在 GPS 测量中必须确定地区性坐标系与全球坐标系的大地测量基准之差，并进行两坐标系统之间的转换。

2. 实地定点原则

由于 GPS 测量观测站之间无须相互通视，而且网的图形结构也比较灵活，所以选点工作较常规测量简便。但由于点位的选择对于保证观测工作的顺利进行和可靠地保证测量成果的精度具有重要意义，所以，在选点工作开始之前，应充分收集和了解有关测区的地理情况以及原有测量标志点的分布及保持情况，以便确定适宜的观测站位置。选点工作应遵守以下原则：

（1）接收天线安置点应远离大功率的无线电发射台和高压输电线，以避免其周围磁场对 GPS 卫星信号的干扰。接收机天线与其距离一般不得小于 200 m。

（2）测站附近不应有大面积的水域或对电磁波反射（或吸收）强烈的物体，以减弱多路径效应的影响。

测站应设在易于安装接收设备且视野开阔的较高点上。在视场内周围障碍物的高度角一般应大于10°，以减弱对流层折射的影响。

（3）测站应选在交通方便，有利于其他观测手段扩展与联测的地方。

（4）对于基线较长的 GPS 网，还应考虑观测站附近具有良好的通信设施（电话与电报、邮电）和电力供应，以供观测站之间的联络和设备用电。

（5）点位选定后（包括方位点），均应按规定绘制点位注记，其主要内容应包括点位及点位略图、点位交通情况以及选点情况等。

（6）在 GPS 测量中，网点一般应设置在具有中心标志的标石上，以精确标志点位。埋石是指具体标石的设置，可参照有关规范，对于一般的控制网，只需采用普通的标石，或在岩层、建筑物上做标志。

3.GPS 野外定位观测及记录

野外定位观测包括天线安置和接收机操作。观测时天线安置在点位上。工作内容有对中、整平、定向和量天线高。接收机的操作。由于 GPS 接收机的自动化程度很高，一般仅需按几个功能键就能顺利地完成工作。并且每一步工作，屏幕上均由菜单式显示，大大简化了野外操作工作。观测数据由接收机自动形成，并保存在接收机存储器中，供随时调用和处理。

一般 GPS 接收机 3 min 即可锁定卫星进行定位，若仪器长期不用，超过 3 个月，仪器内星历过期，仪器要重新捕获卫星，这就需要 12.5 min。GPS 接收机自动化程度很高，仪器一旦跟踪卫星进行定位，接收机自动将观测到的卫星星历、导航电文以及测站输入信息以文件形式存入接收机内。作业员只需定期查看接收机工作状况，发现故障及时排除，并做好记录。在接收机正常工作过程中不要随意开关电源、更改设置参数、关闭文件等。

GPS 接收机记录的数据有：GPS 卫星星历和卫星钟差参数、观测历元的时刻及伪距观测值和载波相位观测值、GPS 绝对定位结果、测站信息。

（二）RTK 技术简介

1.RTK 技术优点

GPS 测量工作模式已有多种，如静态、快速静态、准动态和动态相对定位等。但是，利用这些测量模式，如果不与数据传输系统相结合，其定位结果均需通过观测数据的测后处理而获得。所以上述各种测量模式，不仅无法实时地给出观测站的定位结果，而且也无法对基准站和用户站观测数据的质量进行实时地检核，因而难以避免在数据后处理中发现不合格的测量成果，需要返工重测。而 RTK（Real-Time Kinematic）是能够在野外实时得到厘米级定位精度的测量方法，它采用了载波相位动态实时差分方法，是 GPS 应用的重大里程碑，它的出现为工程放样、地形测图以及各种控制测量带来了新的曙光，极大地提高了外业作业效率。

实时动态测量的基本思想：在基准站上安置一台 GPS 接收机，对所有可见 GPS 卫星进行连续观测，并将其观测数据通过无线电传输设备，实时地发送给用户观测站。在用户站上，GPS 接收机在接收卫星信号的同时，通过无线电接收设备接收基准站传输的观测数据，然后根据相对定位原理，实时地计算并显示用户站的三维坐标及其精度。这样，通过实时计算的定位结果，便可监测基准站与用户站观测成果的质量和解算结果的收敛数据，从而可实时地判定解算结果是否成功，以减少冗余观测，缩短观测时间。

2.RTK 技术系统配置

RTK 技术系统配置包括三部分：基准站接收机、移动站接收机、数据链。基准站接收机设在具有已知坐标的参考点上，连续接收所有可视 GPS 卫星信号，并将测站的坐标、观测值、卫星跟踪状态及接收机工作状态通过数据链发送出去，移动站接收机在跟踪 GPS 卫星信号的同时接收来自基准站的数据，通过 OTF 算法快速求解载波相位整周模糊度，通过相对定位模型获取所在点相对于基准点的坐标和精度指标。

3. 站的选定和建立

基准站的安置位置是顺利进行 RTK 测量的关键，在选址时应注意以下几点：

（1）选择在无线电干扰强烈的地区。

（2）站址及数据链电台发射天线必须具有一定的高度。

（3）为防止数据链丢失以及多路径效应的影响，周围无 GPS 信号发射物（大面积水域、大型建筑物等）。

4. 施测

外业人员在基准站架好仪器即可开始测量。一般为两人一组，一人在基准站上，一人背着仪器到地物或地貌特征点上立杆并记录数据，一般取 3 s 作为一个记录单元，在记录数据时要求测量人员立点准确，垂直、稳住对中杆，同时画出草图，以便内业整图时提供参考。放样则根据设计的坐标值和显示的坐标差值就能准确地找到放样点的位置。

五、外业观测

GPS 外业观测工作主要包括天线安置、观测作业和观测记录等，下面分别进行介绍。

（一）天线安置

天线的相位中心是 GPS 测量的基准点，所以妥善安置天线是实现精密定位的重要条件之一。天线安置的内容包括对中、整平、定向和量天线高。

进行静态相对定位时，天线应架设在三脚架上，并安置在标志中心的上方直接对中，天线基座上的圆水准气泡必须居中（对中与整平方法与经纬仪安置相同）。定向是使天线的定向标志线指向正北，定向误差一般不应超过 ±（3°~5°）。天线高是指天线的相位中心至观测点标志中心的垂直距离，用钢尺在互为 120° 的方向量三次，要求互差小于 3 mm，满足要求后取三次结果平均值记入测量记录簿中。

（二）观测作业

观测作业的主要任务是捕获 GPS 卫星信号并对其进行跟踪、接收和处理，以获取所需的定位信息和观测数据。

天线安置完成后，将 GPS 接收机安置在距天线不远的安全处，接通接收机与电源、天线的连接电缆，经检查无误后，在约定的时间打开电源，起动接收机进行观测。

GPS 接收机具体的操作步骤和方法，随接收机的类型和作业模式不同而异，在随机的操作手册中都详细的介绍。事实上，GPS 接收机的自动化程度很高，一般仅需按动若干功能键（有的甚至只需按一个电源开关键），即能顺利地完成测量工作。观测数据由接收机自动形成，并以文件形式保存在接收机存储器中。作业人员只需定期查看接收机的工作状况并做好记录。观测过程中接收机不得关闭并重新起动；不得更改有关设置参数；不得碰触天线或阻挡信号；不准改变天线高。观测站的全部预定作业项目，经检查均已按规定完成，且记录与资料完整无误后方可迁站。

（三）观测记录

观测记录的形式一般有两种。一种由接收机自动形成，并保存在接收机存储器中供随时调用和处理，这部分内容主要包括：GPS 卫星星历和卫星钟差参数，历元的时刻、伪距和载波相位观测值，实时绝对定位结果，测站控制信息及接收机工作状态信息。另一种是测量记录簿，由观测人员填写，内容包括天线高、气象数据测量结果、观测人员、仪器及时间等，同时对于观测过程中发生的重要问题，问题出现的时间及处理方式也应记录。观测记录是 GPS 定位的原始数据，也是进行后续数据处理的唯一依据，必须要真实、准确，并妥善保管。

（四）成果检核与数据处理

观测成果应进行外业检核，这是确保外业观测质量和实现预期定位精度的重要环节。观测任务结束后，必须在测区及时对观测数据的质量进行检核，对于外业预处理成果，要按规范要求严格检查、分析，以便及时发现不合格成果，并根据情况采取重测或补测措施。

成果检核无误后，即可进行内业数据处理。内业数据处理过程大体可分为：预处理、平差计算、坐标系统的转换或与已有地面网的联合平差。GPS 接收机在观测时，一般 15~20s 自动记录一组数据，故其信息量大、数据多，数据处理时采用的数字模型和算法形式多样，使数据处理的过程相当复杂。实际应用中，一般是借助电子计算机通过相关软件来完成数据处理工作的。

六、GPS 定位的误差源

正如其他测量工作一样，GPS 测量同样不可避免地会受到测量误差的干扰。

GPS 定位测量的误差不仅影响定位精度，而且也影响模糊值解算。模糊值解算正确与否，又直接影响观测成果的可靠性。

GPS 定位测量的各种误差可归纳为三类：同卫星有关的误差，包括卫星轨道误差和卫星钟差；同信号传播有关的误差，包括电离层误差、对流层误差、周跳、接收机噪声和多路径误差；同测站有关的误差，包括接收钟差和基地站（起算点）WGS-84 坐标的误差。

（一）轨道误差

轨道误差来源于广播星历（BE）中轨道信息的不定性。此不定性是由于 BE 的精度低及 SA 政策。检验证明：无 SA 政策时轨道误差为 10~50 m，有 SA 政策时轨道误差可超过 100 m。由于多数用户是利用 BE 定位，故 BE 的不定性将导致定位测量误差。

由几台接收机进行相对定位，能显著削弱轨道误差。但基线增长时，残余的轨道误差将随之加大，也使解算模糊值更困难。

（二）卫星钟差

卫星钟差的影响主要来自 SA 政策。同一卫星信号到达地面两台接收机的时间差极小，卫星钟在短时间内的漂移也很小，两者均可忽略不计。在双差观测值中，卫星钟差的高阶项也可忽略。此外，卫星钟差的残余误差也不影响模糊值解算。

（三）接收机钟差

尽管在开始观测时，各接收机已设定为同步，实际上精密同步是困难的。此外，接收机钟差在同步之后也会发生漂移。然而，在双差观测值中，卫星钟差及接收机钟差几乎能安全消除。对于多数接收机而言，接收机钟差及其漂移对解算模糊值的影响可忽略不计。

（四）电离层误差

电离层时延大小取决于频率。就 GPS 频率而言，电离层时延对一次测距的影响，最大时达 150 m；最小时也有 5 m。

电离层效应具有两大特性：一是扩散性；二是互补性。电离层的扩散性意味着时延大小取决于频率。这是一大优点。例如：将双频 GPS 接收机的相位观测值加以线性组合，可基本消除电离层效应。

（五）对流层效应

电波在对流层中的传播速度同频率无关，但其折射作用造成信号传播的时延。通常采用 Hopfield 模型顾及此时延。如果边长较短，高差又小，对流层模型的误差就直接影响高差测定的精度，采用求差法可将其消除。但是，当两点间的距离或高差较大时，地方大气层将有较大差异，相关性也随之减弱，难以采用适当的模型予以顾及。对流层改正不准确也是导致 GPS 高程误差较大的原因之一。

（六）多路径误差

所谓多路径效应，是指接收机天线除直接收到卫星的信号外，尚可能收到经天线周围物体反射的卫星信号。两种信号叠加将会引起天线相位中心位置的变化，而这种变化随天线周围反射面的性质而异，很难控制。多路径效应具有周期性特征，其变化幅度可达数厘米。在同一地点，当所测卫星的分布相似时，多路径效应将会重复出现。

在 GPS 的各种应用中，多路径误差几乎难以避免。多路径误差对码观测值和载波相位观测值均有较大影响。前者的多径误差可达一个波长（29.3 m）。后者的多径误差小于载波波长（29.3 m）的 1/4。单频接收机的多径误差一般小于 20 m。采用窄距相关技术后，C/A 码的多径误差可降到亚米级。

（七）周跳

如果由于仪器线路的瞬间故障、卫星信号被障碍物暂时阻断、载波锁相环路的短暂失锁等因素的影响，引起计数器在某一个时间段无法连续计数，这就是所谓的整周跳变现象（简称周跳）。

周跳来源于外因和内因。外因由于障碍物、信号噪声大、卫星高度较低和动态应用中的天线倾斜等所引起。内因是由于接收机内信号处理技术不完善所造成的。

在许多应用领域，特别是在静态定位中，不难探测出周跳。一旦出现小周跳，甚至 1/2 周跳或 1/4 周跳，则使探测和修复发生困难。接收机本身产生周跳数的多少，是评定接收机质量的重要标准之一。能否探测和修复全部周跳，也是评定软件质量的一条重要标准。

（八）接收机噪声

伪距观测值的噪声，C/A 码约为 1 m．P 码约为 0.3 m。但较好的第三代接收机 C/A 码的伪距噪声只有 10 cm，载波相位观测值的精度可达毫米。观测量增加后，精度还可提高。但其他误差（例如多径误差）远远大于测量噪声。一般认为：评定观测成果质量的标准应该是载波相位观测值的稳定性。如果接收机经常发生周跳，甚至出现更坏的半周跳或 1/4 周跳及不正常的观测值，则难于正常解算模糊值，严重影响所测成果的可靠性。

（九）起算点 WGS-84 坐标的误差

起算点 WGS-84 坐标的误差将直接传播给全网各点。此项影响同轨道误差相似，但更具有系统性。因此，起算点 WGS-84 坐标的精度应当高于轨道精度。如 BE 的误差为 20 m，则起算点 WGS-84 坐标的精度应高于 20 m。

七、GPS 测量操作技能

（一）操作案例

进行 GPS 测量的野外踏勘、选点。

（二）操作步骤

（1）在选点工作开始之前，首先充分收集和了解测区（校园）的地理情况以及原有测量标志点的分布及保持情况，以便确定适宜的观测站位置。

（2）实地踏勘选定点位：选点工作按照选点工作应遵守的原则来进行。

如果在树木等对电磁波传播影响较大的物体下设观测站，当接收机工作时，接收的卫星信号将产生畸变，这样即使采集时各项指标都较好，但结果将是不可靠的。建议根据需要在 GPS 点大约 300 m 附近建立与其通视的方位点，以便在必要时采用常规经典的测量方法进行联测。

（三）注意事项

（1）点位应选择在稳定坚实的基岩、岩石、土层、建筑物顶部等能长期保存和满足观测、扩展、使用条件的地方，并做好标记。

（2）对于基线较长的 GPS 网，还应考虑观测站附近具有良好的通信设施（电话与电报、邮电）和电力供应，以供观测站之间的联络和设备用电。

（3）测站附近不应有大面积的水域或对电磁波反射（或吸收）强烈的物体，以减弱多路径效应的影响；测站应设在易于安装接收设备且视野开阔的较高点上。在视场内周围障碍物的高度角一般应大于 10°，以减弱对流层折射的影响。

（4）接收天线安置点应远离大功率的无线电发射台和高压输电线，以避免其周围磁场对 GPS 卫星信号的干扰。接收机天线与其距离一般不得小于 200 m。

（5）在对点位进行编号时必须注意点位编号的合理性，在野外采集时输入的观测站名是由 4 个任意输入的字符组成，为了在测后处理时方便及准确，必须不使点号重复。建议在编号时尽量采用数字按顺序编号。

（6）点位选定后（包括方位点），均应按规定绘制点位注记，其主要内容应包括点位及点位略图，点位交通情况以及选点情况等。

第三章　测绘与应用

本章主要介绍地形图的基本知识、地形图图式、测图前的准备工作、地形图测绘的基本要求、地形图测绘的基本方法、地形图在工程中的应用等。

全站仪 3 个主要功能：测距和测角功能、数据采集功能和施工放样功能。以国产仪器南方 362R 为例，详细介绍全站仪的原理、结构、参数设置和各功能的具体操作。

第一节　大比例地形图的测绘与应用

在正式测图之前，应认真整理本测区的控制点成果及测区内可利用的其他资料。准备工作主要包括绘制坐标格网、展绘控制点、制订施测方案和技术要求等。

一、坐标方格网的绘制

（一）地形图的基本内容

地形图的内容很多，主要包括以下几个方面。

（1）数学要素：即图的数学基础，如坐标网、投影关系、图的比例尺和控制点等。

（2）自然地理要素：即表示地球表面自然形态所包含的要素，如地貌、水系、植被和土壤等。

（3）社会经济要素：即地面上人类在生产活动中改造自然界所形成的要素，如居民地、道路网、通信设备、工农业设施、经济文化和行政标志等。

（4）注记和整饰要素：即图上的各种注记和说明，如图名、图号、测图日期、测图单位、所用坐标和高程系统等。

（二）地形图的分幅与编号

为了便于测绘、拼接、使用和保管地形图，需要用各种比例尺的地形图按统一的规定进行分幅与编号。根据地形图比例尺的不同，有矩形分幅与梯形分幅两种分幅与编号方法。大比例尺地形图的测绘一般都用矩形分幅方法，所以下面只介绍矩形分幅。

1. 矩形分幅

矩形分幅是按平面直角坐标的纵横坐标轴的整千米数或整百米数为界限来划分，适用于大比例尺地形图。如表 3-1 所列，一幅 1:5000 的地形图包括 4 幅 1:2000 的地形图；一幅 1:2000 的地形图包括 4 幅 1:1000 的地形图；一幅 1:1000 的地形图包括 4 幅 1:500 的地形图。

表 3-1 矩形图廓的规格

比例尺	图幅的大小 /cm²	实地面积 /km²	一幅 1:5000 地形图中所包含的图幅数	图廓西南角坐标 /m
1:5000	40 × 40	4	1	1000 的整数倍
1:2000	50 × 50	1	4	1000 的整数倍
1:1000	50 × 50	0.25	16	500 的整数倍
1:500	50 × 50	0.0625	64	50 的整数倍

2. 矩形图幅的编号

（1）坐标编号法。

当测区已与国家控制网联测时，图幅的编号由下列两项组成：

图幅所在投影带的中央子午线经度。

图幅西南角的纵、横坐标值（以千米为单位），纵坐标在前，横坐标在后。

例如，1:5000 地形图图幅编号为 "117° -3810.0-13.0"，即表示该图幅所在投影带的中央子午线经度为 117°，图幅西南角坐标 j_c=3810.0 km，y=13.0 km。

当测区尚未与国家控制网联测时，矩形图幅的编号只由图幅西南角的坐标组成。1:1000 比例尺的地形图，按图幅西南角坐标编号法分幅，其中画阴影线的两幅图的编号分别为 "3.0-1.5"、"2.5-2.5"。

这种方法的编号和测区的坐标值联系在一起，便于按坐标查找。

（2）数字顺序编号法和行列编号法。

对于小面积测区，可从左到右，从上到下按数字顺序进行编号。

行列编号法是从上到下给横列编号，用 A、B、C、…表示；从左到右给纵行编号，用 1、2、3、…表示。先列号后行号组成图幅编号。例如 A-1、A-2、…、B-1、B-2 等。

（三）图纸的准备

过去是将高质量的绘图纸裱糊在胶合板或铝板上来测图，现在大多选用聚酯薄膜图纸。聚酯薄膜与绘图纸相比，具有伸缩性小、耐湿、耐磨、耐酸、透明度高、抗张力强和便于保存的优点，聚酯薄膜经打磨加工后，可增加对铅粉和墨汁的附着力。如图面污染，还可用清水或淡肥皂水洗涤。清绘后的地形图可以直接晒图或制版印刷。其缺点是高温下易变形、怕折，故在使用和保管中应予以注意。

（四）绘制坐标格网

大比例尺地形图平面直角坐标方格网是由边长 10 cm 的正方形组成。绘制方格网因所用工具不同，其绘制方法也不一样。

1. 对角线法绘制坐标格网

（1）先按图纸的四角，用普通直尺轻轻绘出两条对角线 AC 和 BD 并得两对角线交点 O。

（2）以交点为圆心，以适当的长度为半径，分别在直线的两端划短弧，得 A、B、C、D4 个交点，依次连接各点，得矩形 ABCD。

（3）分别由 A 和 B 点起，沿 AD 和 3C 边以 10 cm 间隔截取分点；又自 A 点和 D 点起，沿 AB 和 DC 边以 10 cm 间隔截取分点。

（4）连接上下各对应分点及左右各对应分点。这样便构成了边长为 10 cm 的正方形方格网，若在纵横线两端按比例尺注上相应的坐标值，即为所要的坐标方格网。

2. 坐标方格网的检查

绘制出的坐标方格网的精确程度，直接影响到以后展绘各级控制点和地形测图的精度。因此，必须对所绘坐标方格网进行检查。步骤如下：

（1）利用坐标格网尺的斜边或其他直尺检查对角线上各交点是否在一条直线上。

（2）用标准直尺（如金属线纹尺）检查各方格网边长；规范要求，方格网 10 cm 边长与标准 10 cm 边长之差不应超过 ±0.2 mm。

（3）检查方格网对角线长；规范要求，50 cm×50 cm 正方形对角线长度与标准长度 70 cm 之差不应超过 ±0.3 mm。

（4）检查方格网 50cm×50cm 正方形各边边长；规范要求 50 cm×50 cm 正方形各边长度与标准长度 50 cm 之差不应超过 ±0.2 mm。

（5）检查坐标方格网线粗度；规范要求，坐标方格网线的粗度与刺孔直径不应大于 ±0.1 mm。

若不满足上述要求时，应局部变动或重新绘制。目前有的聚纸薄膜测图纸已印制了坐标方格网，但使用前，必须进行检查，不合精度要求的不得使用。

二、展绘控制点的绘制

展点就是将控制点，依其坐标及其测图的比例尺，展绘到具有坐标方格网的测图纸上，这项工作称为展点。

（一）展点绘制步骤

1. 根据已拟订的测区

"地形图分幅编号图"，在已绘好的坐标方格网纵横坐标线两端注记出相应的坐标值。

抄录本图幅和与本图幅有关的各级控制点点号、坐标、高程及相邻点间的边长。

2. 展点时，首先要根据控制点坐标，确定该点所在的方格

设控制点 A 的坐标 $XA=3811317.110$ m，$YA=43272.850$ m，根据 A 点坐标及纵横方格线的标注，可判定出 A 点在方格内，然后分别从 m 点和 n 点向上用比例尺量取 17.11 m，得 A、B 两点，再分别从 K、m 用比例尺向右量取 72.85 m 得 c、d 两点。以 ab 与 cd 两连线的交点即为 A 点图上的位置。

3. 展完点后，还必须进行认真的检查

检查的方法，可用比例尺在图上量取名相邻点间距离并与已知边或坐标反算长度比较，其最大误差不应超过图上的 ±0.3 mm，否则需重新展绘。展点合格后，用小针刺出点位，其针孔不得大于图上的 ±0.1 mm。点位确定后还应在旁边注上点号和高程。

（二）注意事项

（1）绘制方格网时一定要仔细认真。

（2）画线要均匀，画线时要用力按住直尺，防止画线过程中尺子移动造成所画方格网误差过大。

（3）方格网画好后，一定要严格按照检查方格网的方法步骤进行检查，如发现某一项误差超限，要擦掉重画。

（4）展绘控制点时，同样要仔细认真，展完点后，还必须进行认真的检查。

三、大比例尺地形图的测绘

地形图测绘是在控制测量工作结束后，以控制点为测站，测定其控制范围内的地物和地貌的特征点的平面坐标和高程。按一定的比例尺缩绘在图纸上，并依《地形图图式》规定的符号，表示出地物、地貌的位置、形状和大小。地物、地貌的特征点统称碎部点，所以地形图的测绘又称碎部测量。下面首先介绍地形图的基本知识。

（一）地形图的基本知识

1. 地形图的比例尺

地形图上任一线段的长度与它所代表的实地水平距离之比，称为地形图比例尺。比例尺的表示方法主要有以下两种。

（1）数字比例尺。

数字比例尺是用分子为 1，分母为整数的分数表示。设图上一线段长度为 d 相应实地的水平距离为 D，则该地形图的比例尺为

$$d/D=1/（D/d）=1/M=1：M$$

式中 M——比例尺分母。

比例尺的大小是以比例尺的比值来衡量的。M 越小，比例尺越大，表示地物地貌越详

尽。数字比例尺通常标注在地形图下方。

（2）图示比例尺。

图示比例尺绘制在数字比例尺的下方，其作用是便于用分规直接在图上量取直线段的水平距离，同时可以减少计算和避免图纸变形的影响。

2. 比例尺的精度

人的肉眼能分辨图上的最小距离为 0.1 mm。因此，通常将 0.1 mm 称为人眼分辨率。通常将地形图上 0.1 mm 所表示的实地水平长度，称为地形图的比例尺精度。

不同比例尺地形图的比例尺精度见表 3-2。其规律是，比例尺越大，表示地物和地貌的情况越详细，精度就越高。对同一测区，采用较大比例尺测图往往比采用较小比例尺测图的工作量和经费支出都数倍增加。

表 3-2 大比例尺地形图的比例尺精度

比例尺	1：500	1：1000	1：2000	1：5000	1：10000
比例尺精度 /cm	5	10	20	50	100

3. 地形图的符号

地形测量工作者的任务，就是把错综复杂的地形测量出来，并用最简单、明显的符号表示在图纸上，最后完成一张与实地相似的地形图，上述符号称为地形图符号。

地形图符号可分为地物符号、地貌符号和注记符号三大类。地形图符号的大小和形状，均视测图比例尺的大小不同而异。各种比例尺地形图的符号、图廓形式、图上和图边注记字体的位置与排列等，都有一定的格式，总称为《地形图图式》。

（1）地物符号。

依比例符号。轮廓较大的地物，如房屋、运动场、湖泊、森林和田地等，凡能按比例尺把它们的形状、大小和位置缩绘在图上的，称为比例符号。这类符号表示出地物的轮廓特征。

不依比例符号。轮廓较小的地物，或无法将其形状和大小按比例画到图上的地物，如三角点、水准点、独立树、里程碑、水井和钻孔等，则采用一种统一规格、概括形象特征的象征性符号表示，这种符号称为非比例符号，只表示地物的中心位置，不表示地物的形状和大小。

半依比例符号。对于一些带状延伸地物，如河流、道路、通信线、管道、垣栅等，其长度可按测图比例尺缩绘，而宽度无法按比例表示的符号称为半比例符号，这种符号一般表示地物的中心位置，但是城墙和垣栅等，其准确位置在其符号的底线上。

地物注记。对地物加以说明的文字、数字或特定符号，称为地物注记。如地区、城镇、河流、道路名称；江河的流向、道路去向以及林木、田地类别等说明。

地形图图式。地形图图式是测绘、出版地形图的基本依据之一，是识读和使用地形图的重要工具，其内容概括了各类地物、地貌在地形图上表示的符号和方法。测绘地形图时应以《地形图图式》为依据来描绘地物、地貌。

（2）地貌符号。

地形图上表示地貌最常用的方法是等高线。等高线表不仅能表示地貌的起伏形态，还能科学的表示出地面的坡度和地面的高程。为了正确的掌握这种方法，需要对地貌的形态有所了解。

①地貌的基本形态。

地貌是地球表面高低起伏形态的总称。由于地壳成因与结构不同（内力作用）以及侵蚀作用（外力作用），形成了如今较复杂的地表自然形态。地貌的基本形态可归纳为如下几类。

平地：地面倾角在 2° 以下的地区。

丘陵地：地面倾角在 2°~6° 的地区。

山地：地面倾角在 6°~25° 的地区。

高山地：地面倾角在 25° 以上的地区。

②等高线。

地面上高程相等的各相邻点所连成的闭合曲线，叫作等高线。

设想有一小山。它被 $P2$、$P3$ 几个高差相等的静止水平面相截，则在每个水平面上各得一条闭合曲线，每一条闭合曲线上的所有点之高程必定相等。显然，曲线的形状即小山与水平面的交线之形状。若将这些曲线，竖直投影到水平面 P 上，便得到能表示该小山形状的几条闭合曲线，即等高线。若将这些曲线按测图比例尺缩绘到图纸上，便是地形图上的等高线。地形图上的等高线比较客观地反映了地表高低起伏的形态，而且还具有量度性。

为更好地表示地貌，地形图上采用下列 4 种等高线。

基本等高线。按表 3-3 选定的等高距，称为基本等高距。按基本等高距测绘的等高线，称基本等高线，又叫首曲线，它用细实线描绘。

加粗等高线。为了在用图时计算高程方便，每隔 4 条等高线加粗描绘的一根，又叫计曲线。

半距等高线。按 1/2 基本等高距测绘的等高线，以便显示首曲线不便显示的地貌，叫半距等高线，又称间曲线，一般用长虚线描绘。

辅助等高线。若用半距等高线仍无法显示地貌变化时，又可按 1/4 基本等高距测绘等高线，称辅助等高线，又叫助曲线，一般用短虚线描绘。

深刻理解等高线的特性对于正确测绘等高线有重要意义。等高线的特性可归纳为以下内容：

第一，在同一条等高线上的各点高程相等。但高程相等的各点却未必在同一条等高线上。

第二，等高线是闭合的曲线。

第三，等高线不能相交。

第四，等高线平距的大小与地面坡度的大小成反比。

第五，等高线与山脊线（分水线）、山谷线（合水线）成正交。

③等高距与等高线平距。

等高距为相邻两条等高线间的高差。随着地面坡度的变化，等高线平距也在不断地发生变化。测绘地形图时，等高距选择得太小，则图上等高线数量过多且密集，不仅增加了测图的工作量，而且影响图面的清晰，反而不便使用。但若等高距选择得太大，则表现的地貌就过于概括。在实际工作中应根据地形的类别和测图比例尺等因素，合理选择等高距。大比例尺地形测量规范规定的测图等高距见表3-3。

同一城市或测区的同一种比例尺地形图，应采用同一种等高距。但在测区面积大，而且地面起伏比较大时，可允许以图幅为单位采用不同的等高距。同时还规定，等高线的高程必须是所采用等高距的整倍数，而不能是任意高程的等高线。例如，使用的等高距为2 m，则等高线的高程必须是2 m的整倍数，如40 m、42 m、44 m，而不能是41 m、43 m或40.5 m、42.5 m等。

表3-3　地形图的基本等高距　　　　　　　　　　　单位：m

例尺地形	1：500	1：1000	1：2000
平地	0.5	0.5	0.5、1
丘陵地	0.5	0.5.1	1
山地	0.5、1	1	2
高山地	1	1、2	2

（3）注记符号。

注记符号是地物、地貌性质、名称和高程等的补充说明，可用文字、数字、线段或特定符号表示。如图上注明的地名、控制点编号及河流的名称等。注记是地形图的主要内容之一，注记得恰当与否，与地形图的易读性和使用价值有着密切关系。

4. 地形图的图幅、图号和图廓

地形图通常采用正射投影。由于地形测图范围一般不大，故可将参考椭球体近似看成圆球，当测区范围更小（小于100 km²）时，还可把曲面近似看成过测区中心的水平面。地形图的比例尺为1：1000。

（1）图幅。图幅指图的幅面大小，即一幅图所测绘地貌、地物的范围。为了便于测绘、使用和保管地形图，需将地形图按一定的规则进行分幅和编号。

（2）图名。一幅地形图的图名是用图幅内的最著名的地名、企事业单位或突出的地物、地貌的名称来命名的，图名和图号均注写在北外图廓的中央上方。

（3）图号。在保管、使用地形图时，为使图纸有序地存放和便于检索，要将地形图进行编号。

（4）接图表。接图表是本幅图与相邻图幅之间位置关系的示意图，供查找相邻图幅之用。

（5）图廓。图廓是地形图的边界，分为内图廓和外图廓。内图廓线是由经纬线或坐标格网线组成的图幅边界线，图廓之内绘有10 cm间隔互相垂直交叉的短线，称为坐标格网。

在内图廓外侧距内图廓1 cm处，再画一平行框线叫外图廓。外图廓线是一幅图最外边界线，以粗实线表示。在内图廓外四角处注有以公里为单位的坐标值，外图廓左下方注明测图方法、平面坐标系统、高程系统、基本等高距、测图年月、测绘单位、地形图图式版别。

（二）测图的准备工作和方法

1. 测图的准备工作

（1）技术资料的收集与抄录。

测图前，须踏勘了解测区的地形，应收集有关测区的自然地理和交通情况资料，了解对所测地形图的专业要求，抄录测区内各级平面和高程控制点的成果资料。对抄取的各种资料应仔细核对，确认无误后方可使用。测图前还应取得测量规范、图式和技术指导书等。

（2）仪器和工具的准备。

用于地形测图的平板仪、全站仪、经纬仪、水准仪以及计算工具等，都必须细致地检查和进行必要的校正。特别是对竖直度盘指标差应进行经常性的检验与校正。

（3）测图板的准备。

目前，我国各测绘系统已普遍采用聚酯薄膜来代替图纸测图。一般把聚酯薄膜可用透明胶带粘贴在图板上或用铁夹固定在图板上。为了容易看清薄膜上的铅笔，最好在薄膜下垫一张白纸。

2. 地形图测绘的方法

地形测图又称碎部测量。它的主要内容就是以图幅内的控制点、图根点作为地形测图的测站点，先后分别在各测站点上，测定其周围地物地貌碎部点（即特征点）的位置和高程，并在图纸上根据这些碎部点描绘地物、地貌的形状，从而描绘出地形图。

测定碎部点平面位置的基本方法有极坐标法、交会法、支距法。

（1）极坐标法。

极坐标法是以测站点为极点，过测站点的某已知方向作为极轴测定测站点至碎部点的连线方向与已知方向间的夹角，并量出碎部点至测站点的水平距离，从而确定碎部点的平面位置。

设 A、B 为两侧站点，欲测定 B 点附近的房屋位置，可在测站 B 上安置仪器，以 BA 为起始方向（又称后视方向或零方向），测定房屋角点 1、2、3 的方向值 β，并量出站点 B 至相应屋角点的水平距离 $S1$、$S2$、$S3$ 即可按测图比例尺在图上绘出该房屋的平面位置。

（2）交会法。

交会法是分别在两个已知点上，对同一碎部点进行方向或距离交会，从而确定该碎部点在图上的平面位置。

（3）支距法。

支距法是以两已知测站点的连线为基边，测出碎部点至基边的垂直距离和垂足至测站点的距离，从而确定出碎部点的图上位置。

用距离交会和支距法测定碎部点时，需在现场绘出草图。绘制的草图应使几何图形与实际图形相似并注记距离数值。草图上还应标明方向。

（4）经纬仪测绘法。

图中 A、B、C 为已知控制点，1、2、3 点为欲测房屋的 3 个角点。测量并展绘碎部点的步骤如下。

①在测站点 A 上安置经纬仪，量取仪器高将望远镜瞄准另一已知点 B 作为起始方向，拨动水平度盘使读数为 0°00′00″，然后松开照准部照准另一已知点 C，观测∠ABC 与原已知角做比较，其差值不应超过 2′。此外还应对测站高程进行检查，其方法是选定一个邻近的已知高程点，用视距法得出本站高程与图上高程值做比较，其差值不应大于 1/5 等同距。

②施测碎部点。

在测站旁放一块测图板，观测员松开经纬仪照准部，盘左照准竖立在碎部点上的标尺，读取尺间隔和中丝读数（最好用中丝在尺上截取仪器高和在仪器高附近的整分划处直接读出尺间隔）。然后，读出水平度盘读数和竖直竖盘读数。

观测员一般每观测 20~30 个碎部点后，应检查起始方向有无变动。对碎部点观测只需一个镜位。除尺间隔需读至毫米外，仪器高、中丝读数读至厘米，水平角读至分。

③记录与计算。

记录员认真听取并重复观测员所读观测数据，依次填入碎部测量手簿后，按视距法用计算器计算出测站至碎部点的水平距离及碎部点的高程。

最后，展出碎部点并绘图。用测量专用量角器展绘碎部点。专用量角器，它的周围边缘上刻有角度分划，最小分划值一般为 20′ 或 30′ 直径上刻有长度分划，刻至 mm，故测量专用量角器即可量角又可量距。展绘碎部点时，绘图人员将量角器的圆心小孔，用细针固定在图纸的测站点 a 上，绘图员转动量角器，使 0° 刻画线对准后视方向线 ab。

当观测员瞄准碎步点 1 点，读出水平度盘读数 β 后，绘图员转动量角器，找到量角器上等于 β 的刻画线 a1，则 a1 连线即为测站至碎部点的方向线；然后沿此方向线按测图比例尺量出水平距离 D_1，并在点的右侧标出碎部点 1 的高程。

依次测绘多个反应地物、地貌的碎部点，绘图员就可在图上测绘出相应的地物和地貌来。

经纬仪测绘法的优点是工具简单，操作方便，观测与绘图分别由两人完成，故测绘速度较快，运用该方法测图时，要注意估读量角器的分划。若量角器的最小分划值为 20′，一般能估读到 1/4 分划即 5′ 的精度。另外，量角器圆心小孔，由于用久往往变大，为此应采取适当措施进行修理或更换量角器。

数字测图

随着电子全站仪及电子计算机的普及，地形图的成图方法正在由传统的白纸测图向数字测图方向迅速发展。目前，相当多的测绘生产单位已用数字测图取代白纸测图。下面只对数字测图做简要介绍。

（三）地形图的检查与整饰

地形图检查是为了确保地形图质量，除施测过程中加强检查外，在地形图测完后必须作一次全面检查。

1. 室内检查

室内检查的内容有：图根点、碎部点是否有足够的密度，图上地物、地貌是否清晰易读，绘制等高线是否合理，各种符号、注记是否正确，地形点的高程是否有可疑之处，图边拼接有无问题等。若发现疑点应到野外进行实地检查修改。

2. 实地检查

实地检查是在室内检查的基础上，进行实地巡视检查和仪器检查。实地巡视检查要对照实地检查地形图上地物、地貌有无遗漏；仪器检查是在室内检查和巡视检查的基础上，在某些图根点上安置仪器进行修正和补测，并对本测站所测地形进行检查，查看测绘的地形图是否符合要求。仪器检查工作量一般为一幅图的 10% 左右，如发现问题应当场修正。

3. 地形图的整饰

为使所测地形图清晰美观，经拼接、检查和修正后，即可进行铅笔原图的整饰。整饰时应注意线条清楚，符号正确，符合图式规定。整饰的顺序是先图内后图外，先地物后地貌，先注记后符号。图上的地物、注记以及等高线均应按规定的图式符号进行注记绘制。同时，注意等高线不能通过符号、注记和地物。按《地形图图式》规定，还要注记图名、比例尺、坐标系统、高程系统和测图单位等。最后要进行着墨处理。

四、地形图的识读

地形图上包含大量的自然、环境、社会、人文和地理等要素和信息，是国民经济发展规划与国民经济建设的重要基础资料。地形图是规划、设计、施工过程中不可缺少的基础资料，地形图的识读是作为设计、施工人员的基本技能。读图就是依据人们所掌握的地形图的基本知识去识别和阅读地形图上所包含的内容。根据地形图的内容，地形图识读包括图廓外注记的识读、地物和地貌的识读两部分。

（一）图廓外的注记识读

地形图图廓外的注记包括：图号、图名、接图表、比例尺、坐标系、等高距、测图日期、测绘单位、图廓线和坐标格网，它们分布在东、南、西、北四面图廓线外。图的方向以纵坐标轴向上为正北方。

1. 图号、图名

为区别各幅地形图所在位置和拼接关系，每一幅地形图都有图号和图名。图号一般根据统一分幅规则编号，图名是以本图内最著名的地名、最大的村庄或凸出的地物、地貌等的名称来命名。图号、图名注记在北图廓上方的中央。

2. 接图表在图的北图廓左上方

画有该幅图四邻各图号（或图名）的略图称为接图表。中间一格画有斜线的代表本图幅，四邻分别注明相应的图号。接图表的作用是便于查找到相邻的图幅在每幅图南图廓外的中央均注有数字比例尺，在数字比例尺下方绘出直线比例尺，直线比例尺的作用是便于用图解法确定图上直线度距离。对于 1∶500、1∶1000、1∶2000 等大比例尺地形图,一般只注数字比例尺,不注直线比例尺。

3. 地形图的平面坐标系统和高程坐标系统

对于 1∶10000 或更小比例尺的地图,通常采用国家统一的高斯平面坐标系,如"1954 年北京坐标系"或"1980 年西安坐标系"。

高程系统一般采用"1956 年黄海高程系"或"1985 年国家高程基准"。

地形图采用的坐标系和高程系统应在南图廓外的左下方用文字说明。

4. 测图时间

测图时间注明在南图廓下方,用户可以根据测图时间及测区的开发情况,确定该图幅是否能全面反映现实状况,是否需要修测与补测等。

(二)地物和地貌的识读

应用地形图应了解地形图所使用的地形图图式,熟悉常用地物和地貌符号,了解图上文字注记和数字注记的确切含义。

地形图上的地物、地貌是用不同的地物符号和地貌符号表示的。比例尺不同,地物、地貌的取舍也不同,随着各种建设的发展,地物、地貌又在不断改变。

1. 地物的识读

识别地物的目的是了解地物的大小种类、位置和分布情况。通常按先主后次的步骤,并顾及取舍的内容与标准进行。按照地物符号先识别大的居民点、主要道路和用图需要的地物,然后再扩大到识别小的居民点、次要道路、植被和其他地物。通过分析,就会对主、次地物的分布情况,主要地物的位置和大小形成较全面的了解。

2. 地貌的识读

识别地貌的目的是为了了解各种地貌的分布和地面高低起伏状况。识别时,主要根据基本地貌的等高线特征和特殊地貌(如陡崖、冲沟等)符号进行。山区陡坡,地貌形态复杂,尤其是山脊和山谷等高线犬牙交错,不易识别。这时可先根据水系的江河、溪流找出山谷、山脊系列,无河流时可根据相邻山头找出山脊。再按照两山谷间必有以山脊,两山脊间必有以山谷的地貌特征,识别山脊、山谷地貌的分布情况。再结合特殊地貌符号和等高线的疏密进行分析,就可以较清楚地了解地貌的分布和高低起伏情况。最后将地物和地貌综合在一起,整幅地形图就像三维模型一样展现在眼前。

第二节　全站仪的测绘与应用

一、全站仪测距和测角

全站仪又称为全站型电子速测仪，是由电子测角、光电测距、微处理器与机载软件组合而成的智能光电测量仪器，它的基本功能是测量水平角、竖直角和斜距，借助机载程序，可以组成多种测量功能，如计算并显示平距、高差、三维坐标，进行数据采集、放样、偏心测量、对边测量和面积测量等，只要进入相应的测量程序，输入已知数据，便可依据程序进行测量过程，获取观测数据，并计算出相应的测量结果。

全站仪从结构上可以分为组合式全站仪和整体式全站仪两种。组合式全站仪是用一些连接设备将电子经纬仪、光电测距仪和电子记录装置连接成的一个组合体。其优点是能通过不同的构件进行灵活多样的组合，当个别构件损坏时，可以用其他构件代替。整体式全站仪是在一个仪器内装有测距装置、测角装置和记录装置，测距和测角共用一个照准望远镜，方向和距离测量只需一次照准，使用十分方便。

二、全站仪使用时注意的问题

全站仪为精密测量仪器，使用时应注意仪器安全，操作时不要用力过大，以免损坏仪器。

在日光下使用时，避免将物镜直接对准太阳。建议使用太阳滤光镜以减弱这一影响。

避免在高温和低温下存放，亦避免温度骤变。

仪器不使用时，应将其装入箱内，置于干燥处，并注意防震、防尘和防潮。

若仪器长时间不使用，应将电池卸下分开存放；并且电池每月充电一次。

运输仪器时，应将其装于箱内进行，运输过程中要小心，避免挤压、碰撞和剧烈震动；长途运输最好在箱子周围使用软垫。

仪器使用完毕后，应用绒布或毛刷清除表面灰尘；仪器被雨水淋湿后，切勿通电开机，应用干净软布擦干并在通风存放一段时间。

作业前应仔细全面检查仪器，确保仪器各项指标、功能、电源、初始设置和改正参数均符合要求时再进行作业。

若发现仪器功能异常，非专业维修人员不可擅自拆开仪器，以免发生不必要的损坏。

免棱镜系列全站仪发射光为激光，使用时不能对准眼睛。

三、全站仪的结构与功能应用

全站仪品牌和种类繁多，但各种型号的全站仪的构造、界面、应用操作大同小异。在此以国产仪器南方 NTS-360 系列为例进行讲解。

（一）仪器各部件的名称

南方 NTS-360 系列全站仪各部件的名称：

1. 键盘符号对应的名称和功能见表 3-4。

表 3-4　键盘符号对应的名称和功能

按键	名称	功能
ANG	角度测量键	进入角度测量模式（▲光标上移或向上选取选择项）
DIST	距离测量键	进入距离测量模式（▼光标下移或向下选取选择项）
CORD	坐标测量键	进入坐标没理模式（◀光标左移）
MENU	菜单键	进入菜单模式（▶光标右移）
ENT	回车键	确认数据输入或存入该行数据并换行
ESC	退出键	取消前一操作返回到前一个显示屏或前一个模式
POWER	电源键	控制电源的开/关
FI～F4	软键	功能为其键上方显示屏显示的信息
0～9	数字键	输入数字和字母或选择菜单项
.—	符号键	输入符号、小数点、正负号
★	星键	用于仪器若干常用功能的操作

2. 键盘显示符号的含义见表 3-5。

表 3-5　键盘显示符号的含义

显示符号	符号含义
V%	垂直角（坡度显示）
HR	水平角（右角）
HL	水平角（左角）
HD	水平距离
VD	高差
SD	斜距
N	北向坐标（X坐标）

续 表

显示符号	符号含义
E	东向坐标（7 坐标）
Z	高程
*	EDM（电子测距）正在进行
m	距离以 m 为单位
ft	距离以英尺为单位
fi	距离以英尺与英寸为单位

（二）电子全站仪的基本设置

为了保证测量的单位、测量模式、显示结果等满足作业的要求，全站仪使用前首先要根据作业要求，对仪器进行设置。

1. 常用功能设置

南方 NTS-360 系列全站仪常用功能设置，是按键盘上 ★ 键进入设置界面，所示反射体可以是棱镜、免棱镜和反射片；按 MENU 键可以在几者之间进行切换；修改反射体时，应使用棱镜常数与之对应。棱镜的常数一般为— 30 mm，其他为 0 mm。

（1）对中器可以是光学对中或激光对中，按左右移动键进行切换。

（2）对比度调节通过上下移动键来调节液晶显示对比度。

（3）照明是背景光照明，按 F1 可以打开或关闭背景光。

（4）补偿是设置仪器倾斜补偿，可以是单轴、双轴或关闭。

（5）指向是打开或关闭激光束。

（6）参数可以对棱镜常数、PPM 值、温度和气压进行设置，并且可以查看回光信号的强弱；PPM 值是根据温度和气压计算得到，输入时应查标准表，这种方法不常用，一般是输入温度和气压，温度单位为摄氏度，气压单位为百帕，在我国北方，基本上是 1 标准大气压为 1013 百帕。

2. 仪器参数设置

南方 NTS-360 系列全站仪参数设置，是按键盘上 MENU 功能键，进行主菜单（图 3-1），选择第 5 项，进入参数设置主菜单（图 3-2）。

主菜单	1/2
1. 数据采集	1
2. 放样	
3. 存储管理	
4. 程序	
5. 参数设置	

图 3-1　主菜单

参数设置
1. 单位设置
2. 模式设置
3. 其他设置

图 3-2　参数设置

四、全站仪数据采集

数据采集功能是全站仪的主要功能之一，通过该功能可以测量地面点的三维坐标并存储在内存中并实现与计算机的数据传输。

（一）存储管理

全站仪具有海量的内部存储空间，可以保存大量的测量数据，为了高效、安全地进行测量和管理测量数据，必须进行存储管理设置。

按 MENU 键进入菜单界面，按键盘数字 3 进入存储管理，如图 3-3 所示。

存储管理	1/2
1. 文件维护	
2. 数据传输	1
3. 文件导入	
4. 文件导出	
5. 参数初始化	

图 3-3　存储管理

1. 文件维护

（1）检查内存状态和格式化磁盘。

①在存储管理界面，按键盘数字 1 进入文件维护界面，屏幕显示不同文件类型，如图 3-4 所示。

按 1~6 键可以选择一种文件的类型。例如，按 2 键选择坐标文件。

1. 测量文件	
2. 坐标文件	■
3. 编码文件	
4. 水平定线文件	
5. 垂直定线文件	
6. 所有文件	

图 3-4　文件类型列表

②进入磁盘列表；如图 3-5 所示。DiskA 表示本地磁盘。DiskB 表示插入 SD 卡所带移动磁盘。

DiskA	
DiskB	
属性格式化	确认

图 3-5　磁盘列表

③按 F1 键（属性），可查看所选磁盘的空间状态，如图 3-6 所示。

键盘 :B	键盘 :B
卷标:｜	可用空间：119.19MB
类型 :SD 卡	容量：121.20MB
文件系统 :FAT12	
已用空间 :2.01MB	

图 3-6　磁盘的空间状态

在第②步，按 F2 键（格式化），将删除所选磁盘内的所有数据。

确认格式化磁盘按 F4 键（确认），格式化完毕，返回磁盘列表，如图 3-7 所示。

在第②步，按 F4 键（确认）或按 ENT 键（回车），即打开所选磁盘，进入文件列表。

注意: 在进行 SD 卡内的文件操作过程中不能拔取 SD 卡, 否则会导致数据丢失或损坏。

格式化磁盘 :B	1
格式化将使数据丢失！确认格式化磁盘吗！	
取消	确认
格式化	1
正在格式化磁盘 :B	
请等待……	

图 3-7　磁盘格式化

（2）新建文件。

①选取磁盘按 F4 键（确认）或按 ENT 键（回车），即打开所选磁盘，进入文件列表，如图 3-8 所示。

②按 F4 键（P1），显示第二页功能。

SOUTH.SMD	[测量]
S0UTH2	[DIR]
SOUTH.SMD	[测量]
属性查找	退出 P1
SOUTH.SMD	[测量]
SOUTH2	[DIR]
SOUTH.SMD	[测量]
属性查找	退出 P2

图 3-8　打开磁盘文件列表

③按 F1 键（新建），进入新建文件列表，如图 3-9 所示。

新建	新建
1. 新建目录	5. 新建水平定线文件 1
2. 新建测量文件	6. 新建垂直定线文件
3. 新建坐标文件	7. 新建一般文件
4. 新建编码文件	
P1	P2

图 3-9　新建文件列表

（3）查找数据。

①选取磁盘按 F4 键（确认）或按 ENT 键（回车）即打开所选磁盘，进入文件列表。

②选择文件并按 F2 键（查找）或 ENT 键（回车）。

③选择点名，按 F1 键（查阅）或按 F2 键（查找）并输入点名。按 F3 键（删除），即删除所选择点名数据；按 F4 键（添加），即添加数据。

最后，屏幕显示所选的坐标数据，并可以进行编辑，显示第一数据或显示最后一个数据。

2. 数据通信

数据通信可以将全站仪内存的数据文件传送到计算机，也可以从计算机将坐标、编码等文件传送到全站仪内存。

在存储管理界面，按键盘数字 2，进入数据通信界面，如图 3-10 所示。

数据传输	1
1.RS232 传输模式	
2.USB 传输模式	
3. 存储器模式	

图 3-10　数据传输

（1）RS232 传输模式。

①在数据传输界面，按键盘数字 1，进入 RS232 传输模式（图 3-11）。

RS232 传输模式	1
1. 发送数据	
2. 接收数据	
3. 通信参数	

图 3-11　RS232 传输模式

②按键盘数字 3，进行通信参数设置。

按上移键▲或下移键▼，移动光标至某一项，再按左移键◀或右移键▶，选定所需参数，按 F4 键（设置），屏幕返回到 RS232 传输模式界面（USB 传输协议为 None），如图 3-12 所示。

通信参数	1
通信协议：Ack/Nak	
波特率：4800b/s 字符检验：8 位无检验	设置

图 3-12　传输协议

③按键盘数字 1 进行发送数据。

按键盘数字 2 进行坐标数据发送。

输入文件名或调用列表文件名，按 F4 键（确认）或 ENT 键（回车），如图 3-13 所示。

RS233 传输模式 1. 发送数据 2. 接收数据 3. 通信参数	发送数据 1. 发送测量数据 2. 发送坐标数据 3. 发送编码数据	选择坐标数据文件 文件名：SOUTH.SCD| 回退调用字母确认

图 3-13　发送坐标数据

（二）数据采集

数据采集的功能就是根据两已知控制点的坐标或一个已知点坐标和方位角来测定待定的坐标。按 MENU 键进入菜单界面。

按键盘数字 1 进入选择测量和坐标文件界面，选择 SOUTH.SCD（此文件是在存储管理菜单下，输入文件名），按 F4 键（确认）进入数据采集界面，如图 3-14 所示。

菜单 1/2 1. 数据采集 2. 放样 1. 存储管理 2. 程序 3. 参数设置 程序 参数设置 P1	选择测量和坐标文件：SOUTH. SCD 回退调用字母确认
数据采集 1/2	数据采集 2/2
1. 设置测站点	1. 选择文件
2. 设置后视点	2. 数据采集设置
3. 测量点	
P1	P2

图 3-14　数据采集

1. 准备工作

（1）数据采集文件的选择。

在存储管理菜单下，新建文件并输入已知控制点坐标。

（2）存储坐标文件的选择，如图 3-15 所示。

采集的原始数据转换成的坐标数据可存储在用户指定的文件中。

按键盘数字键 3，存储坐标文件。输入文件名，如 SOUTH 后，按 F4 键（确认）。

按 F2 键（调用），屏幕显示磁盘列表，选择需要的文件所在的磁盘，按 F4 键（确认）或 ENT 键（回车）进入。显示文件列表，选择文件后按 ENT 键（回车），即存储文件被确认并返回选择文件菜单。当存储文件选择后，测量文件不变。

（3）调用坐标文件的选择，如图 3-16 所示。

若需要调用坐标数据文件中的坐标作为测站点或后视点坐标用，则预先应由数据采集 2/2 选择一个坐标文件。按键盘数字 2 调用坐标文件。输入文件名按 F4 键（确认）即可。

数据采集 2/2	选择文件	
1. 选择文件	1. 测量数据	
2. 数据采集设置	2. 调用坐标文件	
	3. 存储坐标文件	
P2!		
存储坐标文件 文件名：SOUTH 回退调用字母确认	DiskA DiskB 属性格式化确认	
SOUTH.SCD		2/2
SOUTH3.SCD		1
属性查找		退出

图 3-15 存储文件的选择

数据采集	2/2
1. 选择文件	1
2. 数据采集设置	P2
选择文件 1. 测量数据文件 调用坐标文件 存储坐标文件	1
选择调用坐标文件文 件名:SOUTH	1
回退调用字母	确认

图 3-16 坐标文件的选择

（4）数据采集参数设置。

由数据采集菜单 2/2 按键盘数字 2 数据采集设置，如图 3-17 所示

数据采集	2/2	1. 坐标自动转换	
选择文件 数据采集设置	1 Pp2	2. 数据采集顺序 数据采集确认 数据采集距离	■

图 3-17　数据采集参数设置

（5）操作步骤。

①选择数据采集文件，使其所采集数据存储在该文件中。

选择存储坐标文件，将原始数据转换成的坐标数据存储在该文件中。选择调用坐标数据文件，可进行测站坐标数据及后视坐标数据的调用。

②设置测站点，包括仪器高和测站点点号及坐标。

设置后视点，包括觇标高和后视点点号及坐标或方位角，照准后视点测量。

③设置待定点的觇标高，开始采集并存储数据。

注意：测站点与后视点（定向角）在数据采集模式和正常坐标测量模式是相互通用的，可以在数据采集模式下输入或改变测站点和定向角数据。

（6）测站点的坐标可按如下两种方法设定。

①利用内存中的坐标数据来设定。

②直接由键盘输入。

五、全站仪放样

放样模式有两个功能：放样待定点和测定新点。

放样的坐标数据可以是内存中的点，也可以是从键盘输入的坐标。内存中的数据可以通过传输电缆从计算机传入仪器内存。

测定新点坐标是在放样过程中，放样待定点与控制点不能通视时，就可以测定新点，测定方法与技能－数据采集完全相同。

（一）放样的步骤

（1）选择放样文件，可进行测站坐标数据、后视坐标数据和放样点坐标数据的调用；也可以直接输入。

（2）设置测站点。

（3）设置后视点，确定方位角。

（4）输入所需的放样坐标，开始放样。

（二）注意事项

（1）放样点多时尽量采数据传输的方式把放样点坐标导入电子全站仪内存。

（2）安置测站时，要进行测站数据检核。使用的点位及坐标都要正确。

（3）标定出放样点后要与图纸对照，检查相关位置与图上设计是否一致。

（4）放样距离较远时，为了减少大气折光的影响，一般采用数据采集的方式测定引点，在引点上安置仪器进行放样。

第四章 施工测量的基本工作

本章主要介绍了施工测量的基本工作，包括施工测量技术、放样的基本工作以及平面点的放样等。

第一节 施工测量的概述

一、施工测量的特点

各种工程在施工阶段所进行的测量工作 . 统称为施工测量，其主要内容包括建立施工控制网、施工放样、检查验收测量、变形监测和竣工测量等。

将图纸上设计的建（构）筑物的平面位置和高程，按要求的精度在实地上标定出来，这项测量工作称为施工放样，也称为测设。放样工作的质量将直接影响到建（构）筑物尺寸和位置的正确性，只有正确地进行放样，才能保证工程按设计要求施工。所以，放样在工程建设中占有重要地位，也是测绘工作的主要内容之一。

在施工放样前，测量人员首先应熟悉建（构）筑物的总体布置图和详细设计图，找出主要轴线和主要特征点的设计位置以及各建筑物之间的关系，然后以地面控制点为依据，算出这些待放样点至附近控制点的水平距离、水平角度和高差等放样数据，将这些点在实地标定出来。因此，放样（或测设）与地形图测量的过程正好相反。施工测量的精度一般要高于地形图测量的精度。同时，施工测量受施工现场环境因素的干扰较大，各项测量工作的精度要求也不相同。为了满足施工需要，测量人员应熟悉施工设计要求，掌握施工进度，按要求的精度和速度完成各项施工测量工作。

二、施工测量的精度要求

施工测量的精度要求由建筑限差来确定。所谓建筑限差，是指工程建筑物竣工之后，其实际位置相对于设计位置的极限偏差。建筑限差应按不同的建筑物结构和用途，依据我国现行的工程施工标准，如《混凝土结构工程施工及验收规范》《钢筋混凝土高层建筑结构设计与施工规程》《建筑安装工程施工及验收技术规范》等的具体要求确定。对于一般工程，混凝土柱、梁、墙的施工总误差允许为 10~30 mm；对于高层建筑物轴线的倾斜度要求高于 1/1000~1/2000；钢结构施工的总误差随施工方法不同，允许误差在 1~8 mm 之间；土石方施工的允许误差可达 100 mm；对于特殊要求的工程项目，其设计图纸都有明确的限差要求。

将建筑限差的一半作为工程建筑的点位总误差，它由控制点误差、放样误差和施工误差三部分组成。一般来说，当控制点误差不超过上述总误差的 1/3 时，其误差影响可以忽略；放样误差和施工误差的大小与测量方法及施工环节有关，为了确保放样误差不会对工程质量造成显著影响，应使放样误差小于施工误差。根据这一原则制定上述三项误差的合理比例关系，以确定施工测量的必要精度。

三、施工测量的新技术

（一）电磁波测距和电子测角技术

电磁波测距具有精度高、速度快、受地形影响小、操作方便等特点，在很多场合已完全取代了钢尺量距。电子经纬仪采用数字显示读数，并可自动记录、存储数据，精度与光学经纬仪相当。集电子测绘和电子测角为一体的全站仪可使测量工作实现自动化和内、外业一体化，目前全站仪已广泛应用于施工测量中。

（二）激光技术

激光具有亮度高、方向性强、单色性好、相干性好等特性，测量用的激光定位仪器大都使用氦-氖激光器发光。施工测量常用的测量仪器有激光指向仪、激光水准仪、激光经纬仪、激光铅垂仪、激光平面仪、激光测距仪等。激光仪器测量精度高、工作效率高，已广泛应用于建筑施工、水上施工、地下施工、精密安装等测量工作中。

（三）全球定位系统（GPS）技术

全球定位系统具有精度高、速度快、操作方便、全天候等特点，而且测站之间无须通视，能提供三维坐标。在施工测量中，全球定位系统技术可应用于施工控制网的建立、建筑物的定位、高层建筑的放样、桥梁隧道的放样、道路放样、水库大坝的放样、施工过程的变形观测、检查验收测量等工作。

（四）地理信息系统

地理信息系统是对有关地理空间数据进行输入、处理、存储、查询、检索、分析、显示、更新和提供应用的计算机系统，具有信息量大、更新快捷和使用方便等特点。在施工测量中，可将地理信息系统技术与工程相结合，建立相应的工程测量信息系统，进行控制选点、施工平面布置、绘制断面图、计算土方量、检查施工状况、编制施工竣工资料等工作。

第二节　放样的基本工作

一、放样已知水平距离

放样已知水平距离就是从地面一直线的起点开始，沿直线方向定出另一点，使两点间的水平距离等于给定的已知值。放样水平距离的测量工具有钢尺、测距仪、全站仪等。

（一）一般方法

例如，A 为平整地面上的已知点，D 为设计的水平距离（已知放样距离），B 为从 A 点开始沿 AB 方向测设水平距离 D 后，待标定的另一端点。放样步骤如下。

（1）将钢尺的零点对准 A，沿 AB 方向将钢尺抬平拉直，在尺面读数为 D 处插下测钎或吊垂球，在地面上标定出 B'。

（2）将钢尺移动 100~200 mm，重复 1 的操作，在地面上标定出 B''。

（3）取两次测设的平均位置作为 B 点标志。

（二）精确方法

当放样精度要求较高时，可按精确方法放样水平距离。放样步骤为：

（1）按一般方法在地面上标定出点 B'。

（2）精密丈量 AB' 的倾斜距离，并加入尺长改正 ΔD、温度改正 ΔD 和倾斜改正 ΔDA，计算 AB' 的精确水平距离。

$$D' = D + \Delta D' + \Delta D + \Delta DA$$

（3）计算改正数 $AD = D' - D$；当改正数 ΔD 的绝对值大于 1 m 或地面有坡度时，应在改正数 ΔD 中再加人相应的尺长改正、温度改正和倾斜改正，但改正值的符号与量距改正时刚好相反。

（4）改正距离。自点 B' 开始，沿 AB' 方向量距 ΔD。当 $\Delta D > 0$ 时，向内改正，反之，则向外改正，以确定精确位置 B。

（三）全站仪放样法

用全站仪放样已知水平距离时，首先应对仪器设置正确的加常数和气象改正，在给定的直线方向上移动反射棱镜的位置，当显示的水平距离测量值等于已知值时，在棱镜正下方地上标定出待定点位置 B。

二、放样已知水平角

放样已知水平角是根据地面上一点和一条给定方向线，用经纬仪或全站仪在地面上标定出另一条方向线，使得两个方向线间的水平夹角等于给定的水平角值。

（一）一般方法

例如，A 为已知点，AB 为已知方向，β 为放样角，AC 为待标定的方向线。用一般方法测试方向线 AC 的步骤为：

（1）在 A 点安置经纬仪或全站仪，用盘左位置瞄准 B 点，使水平读盘读数为 $0°\ 00'00''$ 或读取度盘读数为 $a1$。

（2）转动照准部至水平读盘读数为 $b1=\beta b1=1/ai+\beta$ 时，固定望远镜，沿视线方向在地面上作标志 C'。

（3）倒转望远镜，用盘右位置瞄准 B 点，卖取度盘读数 $a2$；一般方法测设水平角转动照准部使水平读盘读数为 $b2=a2+\beta$。重复以上操作，在地面上作标志 C''。连线 $C'C''$，取 $C'C''$ 的中点 C，则 AC 与两方向线之间的夹角就是要放样的水平角。

（二）精确方法

当放样精度要求较高时采用归化法。其测设步骤如下。

（1）待放样角度为 β，在 A 点安置经纬仪或全站仪，以 AB 为已知方向线，用一般方法仅以盘左标定出 C' 点。

（2）用测回法精确测量水平角 $\angle BAC'$，设为 β'；量出 AC' 之间的水平距离 DAC'。

（3）计算 β' 与设计水平角值 β 之差值 $\Delta\beta=\beta'-\beta$ 计算 C' 点处的垂线改正数 $C'C$。

（4）用钢尺从 C'' 点开始沿 AC' 的垂线方向量距 $C'C$，标定出 C。当 $\Delta\beta>0$ 时，向角度内调整；反之，向角度外调整。则水平角 $\angle BAC$ 为精确标定的水平角 β。

三、放样已知高程

（一）一般方法

放样已知高程的一般方法是采用水准仪测设法，根据地面上已知水准点的高程和设计高程，在实地标出设计高程的标志线。

例如，已知水准点 A 的高程为 H_0，欲在陈近 B 点测设一设计高程为 H 的高程标志。测设时，在水准点 A 与待测设点 B 之间安置水准仪，在 A 点上竖立水准尺，读取后视读数 α。由此求出仪器的视线高程 $Hi=H_0+\alpha$，在根据 B 点的设计高程 H，计算出水准尺立于 B 处的应读前视数 $b=Hi-H_0$ 然后，将水准尺紧贴 B 处木桩的侧面，上下移动尺子，当水准仪望远镜的十字丝横丝正好切准前视应读数 b 时，沿尺底画一横线，该横线即为需要测设的已知高程标志。为了检核，可用水准测量方法重测 B 点标志线的高程。

（二）高程的传递

在开挖基坑、隧洞或建造高楼时，由于地面已知水准点与设计高程间的高差较大，需要向低处或高处引测高程，这种方法称为高程的传递。下面以高处向低处传递高程为例，说明其作业方法。

例如，已知地面水准点 A 的高程为 H_0，欲在基坑内测设一设计高程为 H 的高程标志。为此，在基坑边设置一吊杆，从杆端悬挂一钢尺，其零端朝下并吊一重锤。

在地面和基坑内各架设一台水准仪，设地面上水准仪在 A 尺的读数为 $a1$，在钢尺上的读数为 $b1$，基坑内的水准仪在钢尺上的读数为 $a2$，则在 B 处水准尺上的前视应读数为

$$b=（H_0+a1）-（b1-a2）-H$$

为了检核，可变换悬挂钢尺的位置重新测设一次，两次测设位置的较差应不超过 3 mm。采用上述方法同样可以向低处或高处引测水准基点。

四、放样已知坡度线

放样已知坡度线是根据附近水准点的高程、设计坡度和坡度线一端的设计高程，将坡度线上各点的设计高程标定在地面上的测量工作。常用的坡度测设方法有水平视线法和倾斜视线法。

（一）水平视线法

例如，A、B 为设计坡度的两端，已知 A 点的设计高程为 HA 为了施工方便，要求每隔一定距离 d 设置一木桩，并在木桩上标定出设计坡度为 i 的坡度线。其作业步骤为：

（1）沿 AB 方向按设定的间距标定出各木桩点 j。

（2）计算各木桩 j 处的设计高程 $Hj=HA+i×j×d$。

（3）按放样已知高程点的一般方法，根据附近的水准点 R，用水准仪测设各木桩 j 的设计高程标志。

设计坡度为零的水平面测设称为抄平。抄平的方法也是利用水准仪提供水平视线，根据该视线与水平面设计高程的差值来测设水平面。

（二）倾斜视线法

用设置倾斜视线的方法放样已知坡度线的原理是，当仪器视线与设计坡度线平行时，其竖直距离处处相等。倾斜视线法的作业步骤如下。

（1）用测设已知高程点的方法将坡度线两端 A、B 按设计高程标定在地面上。

（2）将水准仪安置在一端点 A 处，并量取仪器高 i，在另一端点 B 处立水准尺，调整水准仪的脚螺旋使视线在 B 点尺上的读数为仪器高 i。

（3）在中间各点 j 处上下移动水准尺，当仪器倾斜视线在尺上的读数为仪高 i 时，尺

底端位置即设计坡度线。

五、放样直线

在工程建设中，常需要在两点之间测设（加密）直线或在两点之外延伸直线。在两点之间测设直线一般是利用经纬仪给定直线的方向，沿仪器视线方向加密直线。下面介绍仪直线延伸的方法。

（一）无障碍物延伸直线

例如，地面上有直线 AB，需要将直线沿 AB 方向延长至 C 点，且 BC 之间无任何障碍物。测设时在 B 点安置经纬仪，对中、整平；先用盘左位置瞄准 A 点，倒转望远镜在 AB 延长线上标定 C'；再用盘右位置瞄准 A 点，倒转望远镜在 AB 延长线上标定 C''，最后取 $C'C''$ 连线的中点 C 作为 AB 直线延长线上的点。

（二）有障碍物延长直线

例如，地面上有直线 AB，需要将直线沿方向延长至 E、F 点，且 B、E 之间有障碍物阻挡视线。测设时可以在延长直线的障碍物处设置一矩形或三角形来避开障碍物。首先在 B 点安置经纬仪，后视 A 点，顺时针测设水平角 $90°$，得 BC 方向线，并用钢尺从 B 点开始测得水平距离心 d_1 得 C 点；将经纬仪安置于 C 点，后视 B 点，顺时针测设水平角 $270°$ 得 CD 方向线，用钢尺从 C 点开始测设水平距离 d_2 得 D 点；在 D 点安置经纬仪，后视 C 点，顺时针测设水平角 $270°$，得 DE 方向线，并用钢尺从 D 点开始测设水平距离，得 E 点，E 点即为延长线上的点，若在 E 点安置经纬仪，后视 D，顺时针测设 $90°$ 的水平角，得方向线，EF 为直线的延长线。

六、放样铅垂线

在基础、主体结构、高耸构筑物、竖井等工程施工过程中，经常要将点位沿竖直方向向上或向下传递，即要测设铅垂线。测设铅垂线可用经纬仪投测法、垂线法、激光铅垂仪投测法等方法。

当高度不高时，用垂线法最直接。悬挂垂球后，垂球稳定时垂球线即为铅垂线。

用经纬仪投测时，例如，在相互垂直的两个方向上，分别架设经纬仪，经整平后，瞄准上（或下）标志，上下转动望远镜，在视准轴方向得到两个铅垂面，则两铅垂面的交线即为铅垂线。这时，在经纬仪的视准轴方向上，用与角度交会法测设点位一样的方法可定出下（或）上标志，上、下标志即在同一铅垂线上。

第三节　平面点位的放样

平面点位的放样，就是根据已知控制点，将设计图纸上已确定平面坐标的点标定到实地上。例如，要将建（构）筑物的平面位置标定到实地，其实质就是将设计图上建（构）筑物的轴线交叉点和拐角等特征点放样到实地上。根据控制点与设计点位的平面位置关系，结合施工现场条件，放样平面点位可采用直角坐标法、极坐标法、交会法、全站仪坐标放样法等。

一、直角坐标法

直角坐标法是按直角坐标原理测设某点平面位置的一种方法。当建筑场地已有相互垂直的建筑基线或矩形方格网时，常用直角坐标法放样点位。

例如，A、B 为已知坐标的建筑方格网点，P 为待定点，其坐标(xp, yp)已由设计确定。欲将 P 点测设到实地上，其方法为：

（1）计算测设数据 Δx、Δy，即 $\Delta x = xp - xA$，$\Delta y = yp - yA$，

（2）在 A 点安置经纬仪，瞄准 B 点，用钢尺自 A 点沿视线方向量取 Δy，在地面上定出 C 点；

（3）将经纬仪安置在 C 点，瞄准 A 点，顺时旋转望远镜，拨水平角度值为 90°，用钢尺自 C 点沿视线方向上量取 Δx，在地面上标定出 P 点。

二、极坐标法

极坐标法是根据极坐标原理，用测设一个水平角和一条边长来放样点位的方法。例如，A、B 为控制点，其坐标 XA、YA、XB、YB 为已知，P 为待测设点，其设计坐标 XP、YP 为已知。欲将 P 点测设到实地上，其方法为：

（1）计算测设数据 β、D。根据 A、B、P 三点的已知坐标，利用坐标反算公式计算出的方位角 αAB 以及 AP 的水平距离 D 和方位角 αAP，则 $\beta = aAP - \alpha AB$。

（2）将经纬仪安置在 A 点，瞄准 B 点，顺时针测设水平角 β，得方向线沿 AP 方向测设水平距离 D，标定出 P 点。

三、角度交会法

当控制点与待放样点相距较远或不便于量距时，可采用角度交会法测设点位。例如，A、B、C 为已知控制点，P 为待测设点，其坐标均为已知。欲将 P 点测设到实地上，其方法为：

（1）计算测设数据，计算方法与极坐标法相同。

（2）分别安置经纬仪在 A、B、C 三个控制点上，分别测设水平角 $\beta1$、$\beta2$、$\beta3$，在地面上标设出三条方向线，其交点就是 P 点的位置。注意在 A 处，若经纬仪按顺时针方向拨角时，应为（360°～$\beta1$）。

（3）当测设的三条方向线不交于一点时，可在交点附近用"骑马桩"标出每条方向线。将三条方向线所交三角形的中心作为 P 点的位置。

四、距离交会法

当控制点与待放样点相距较近或不便于测设水平角时，可采用距离交会法测设点位。当用钢尺量距时，一般要求交会距离小于一个尺段且测设场地较为平坦。

例如，A、B 为已知控制点，P 为待测设点，其坐标均为已知。欲将 P 点测设到实地上，其方法为：

（1）计算测设数据 D1、D2。利用坐标反算公式计算 AP、BP 的水平距离 D1、D2。

（2）以 A 点为圆心，以为 D1 半径，在预计的 P 点附近地上画弧线；以 B 点为圆心，以为 D2 半径画弧线。两条弧线的交点即为 P 点。在实际工作中，可同时将两把钢尺的零画线分别对准 A、B 两点，拉紧和移动两钢尺，当两钢尺读数分别为 D1、D2 时，其交点就是 P 点位置。

五、全站仪放样法

全站仪测设法适用于各种场合，当距离较远、地势复杂时尤为方便。

（一）全站仪极坐标法

用全站仪极坐标法测设点的平面位置时，不需预先计算放样数据。例如，欲测设 P 点的平面位置，其施测方法如下：

将全站仪安置在 A 点，瞄准 B 点，将水平度盘设置为 0°0″00″。然后，将控制点 A、B 的已知坐标及 P 点的设计坐标输入全站仪，即可自动算出测设数据水平角及水平距离在仪器上显示 AP′ 的距离值 D′ 以及 D′ 与 D 的差值 ΔD（$\Delta D=D-D'$），由观测者按算得的 ΔD 值指挥持镜者移动至 P 点。若棱镜端有水平距离显示功能，则由持镜者移动棱镜，直接确定 P 的位置。

（二）全站仪坐标法

与上述极坐标一样，将全站仪安置在 A 点，使仪器置于放样模式，输入控制点 A、B 的已知坐标及 P 点的设计坐标；瞄准 B 点进行定向；持镜者将棱镜立于放样点附近，照准棱镜，按坐标放样功能键，在仪器上显示出棱镜位置与放样点的坐标差，指挥持镜者移动棱镜，直至移动到 P 点。

（三）全站仪自由设站法

当控制点与放样点间不通视，可用自由设站法。例如，A、B、C 为控制点，P、Q 为要测设的放样点。自由选择一点 O，在 O 点安置全站仪，按全站仪内置程序，后视 A、B、C 点，测出 O 点坐标，然后按全站仪极坐标法或全站仪坐标法测设出 P、Q。由于 O 点是自由选择的，定点非常方便。O 点也可作为增设的临时控制点，并建立标志。

随着 GPS 技术的发展，采用实时动态定位技术可以快速地进行坐标放样，其精度可达厘米级甚至毫米级。该技术已广泛应用于线路中线测设和其他施工测量工作中。

应该指出，无论采用何种方法测试平面点位，都必须检核其位置的正确性。在实际测设工作中，一般同时放样多个点位，可检查放样点之间或放样点与现有建筑物之间的几何关系，是否与按设计坐标反算的数据相符合，以此验证放样点位置的准确性。

第五章　建筑施工测量

施工测量是工程施工阶段所进行的测量二作,目的是将设计图纸上规划设计的建筑物、构筑物的平面位置和高程,按要求使用相关的技术和仪器,测设在拟建场地。施工测量作为施工的依据,用以衔接和指导各工序间的施工。在建筑施工场地上,由于工种多、交叉作业频繁,并有大量的土方填挖,使地面变动很大,原来勘测阶段所建立的测量控制点大部分是为测图布设的,而不是用于施工,即使保存下来的也不符合要求。所以为了使施工能分区、分期地按一定顺序进行,并保证施工测量的精度和施工速度,在施工以前,在建筑场地上要建立统一的施工控制网。施工控制网包括平面控制网和高程控制网,它是建筑施工测量的基础。

第一节　建筑施工控制测量

建筑施工控制网的布设形式,应根据建筑物的总体布置、建筑场地的大小以及测区地形条件等因素来确定。在大中型建筑施工场地上,施工控制网一般布置成正方形或矩形的网格,称为建筑方格网。在面积不大又不十分复杂的建筑施工场地上,常布置一条或几条相互垂直的基线,称为建筑基线。对于山区或丘陵地区建立方格网或建筑基线有困难时,宜采用导线网或三角网来代替建筑方格网或建筑基线。

一、施工控制网的原则和特点

(一) 施工控制网的原则

由于施工测量的要求精度较高,施二现场各种建筑物的分布面广,且往往同时开工兴建。所以,为了保证各建筑物测设的平面位置和高程都有相同的精度并且符合设计要求,施工测量和测绘地形图一样,也必须遵循"由整体到局部、先高级后低级、先控制后碎部"的原则组织实施。对于大中型工程的施工测量,要先在施工区域内布设施工控制网,而且要求布设成两级,即首级控制网和加密控制网。首级控制点相对固定,布设在施工场地周围不受施工干扰,地质条件良好的地方。加密控制点直接用于测设建筑物的轴线和细部点。不论是平面控制还是高程控制,在测设细部点时要求一站到位,减少误差的累计。

施工控制网的建立，也应遵循"先整体，后局部"的原则，由高精度到低精度进行建立。即首先在施工现场，根据建筑设计总平面图和现场的实际情况，以原有的测图控制点为定位条件，建立起统一的施工平面控制网和高程控制网。然后以此为基础，测设建筑物的主轴线，再根据主轴线测设建筑物的细部。

（二）施工控制网的特点

施工控制网与测图控制网比较而言，具有以下两个特点。

1. 控制点密度大、控制范围小、精度要求高

施工控制网的精度要求应以建筑限差来确定，而建筑限差又是工程验收的标准。因此，施工控制网的精度要比测图控制网的精度高。

通常建筑场地比测图范围小，在小范围内，各种建筑物分布错综复杂，放样工作量大，这就要求施工控制点要有足够的密度，且分布合理，以便放样时有机动选择使用控制点的余地。

2. 受干扰性大，使用频繁

现代化的施工常常采用立体交叉作业的方式，施工机械的频繁活动、人员的交叉往来、施工标高相差悬殊，这些都会造成控制点间通视困难，使控制点容易碰动、不易保存。此外，建筑物施工的各个阶段都需要测量定位，控制点使用频繁。这就要求控制点必须埋设稳固，使用方便，易于长期保存、长期通视。

（三）施工控制网的布设形式

施工控制网的布设形式，应以经济、合理和适用为原则，根据建筑设计总平面图和施工现场的地形条件来确定。对于地形起伏较大的山区建筑场地，则可充分扩展原有的测图控制网，作为施工定位的依据。对于地形较平坦而通视较困难的建筑场地，可采用导线网。对于地形平坦而面积不大的建筑小区，常布设一条或几条建筑基线，组成简单的图形，作为施工测量的依据。对于地形平坦、建筑物多为矩形且布置比较规则的密集的大型建筑场地，通常采用建筑方格网。总之，施工控制网的布设形式应与建筑设计总平面的布局相一致。

当施工控制网采用导线网时，若建筑场地大于 1 km² 或重要工业区，需要按一级导线建立，建筑场地小于 1 km² 或一般性建筑区，可按二、三级导线建立。当施工控制网采用原有的测图控制网时，应进行复测检查，无误后方可使用。

二、建筑基线

建筑基线应邻近建筑物，平行或垂直于主体结构或主要建筑物的轴线，以便使用比较简单的直角坐标法来进行建筑物的放样，较长的基线尽可能布设在建筑场地中央位置。根据建筑物的规划分布并结合场地状况，通常建筑基线可布置成三点直线形、三点直角形、

四点丁字形和五点十字形等多种形式，可结合具体情况灵活选用。建筑基线的布设要求一般有：

（1）建筑基线应尽可能靠近拟建的主要建筑物，并与其主要轴线平行，以便使用比较简单的直角坐标法进行建筑物的放样。

（2）建筑基线上的基线点应不少于三个，以便相互检核。

（3）建筑基线应尽可能与施工场地的建筑红线构成联测。

（4）基线点位应选在通视良好和不易被破坏的地方，为能长期保存，要埋设永久性的混凝土桩。

（5）根据施工场地的条件不同，建筑基线可以根据建筑红线或附近的已有控制点来进行测设。

①根据建筑红线测设建筑基线。由城市测绘规划部门测定的建筑用地界定基准线，称为建筑红线。在城市建设区域，建筑红线可用作建筑基线测设的依据。例如 AB、AC 建筑红线，1、2、3 为建筑基线点，利用建筑红线测设建筑基线的方法如下：

首先，从点 A 沿 AB 方向量取定出点 P，沿 AC 方向量取 $d2$ 定出点 Q。然后，过点 B 作 AB 的垂线，沿垂线量取 $d2$ 定出点 2，做出标志；过点 C 作 AC 的垂线，沿垂线量取 $d1$ 定出 3 点，做出标志；用细线拉出直线 $P3$ 与 $Q2$，两条直线的交点即为点 1，做出标志。最后，在点 1 安置全站仪，精确观测 <213，其与 $90°$ 的差值应小于 $±20''$。

②根据附近已有控制点测设建筑基线。在待建建筑工程区域，可以利用建筑基线的设计坐标和附近已有控制点的坐标，用极坐标法测设建筑基线。例如，A、B 为附近已有控制点，1、2、3 为选定的建筑基线点。测设方法：首先，根据已知控制点和建筑基线点的坐标，计算出测设数据 $β1$、$D1$、$β2$、$D2$、$β3$、$D3$。然后，用极坐标法测设 1、2、3 点。

由于存在测量误差，测设的基线点往往不在同一直线上，且点与点之间的距离与设计值也不完全相符，这时，需要进行点位调整处理。

三、建筑方格网

由正方形或矩形组成的施工平面控制网，称为建筑方格网，或称矩形网。建筑方格网适用于按矩形布置的建筑群或大型建筑场地。

布设建筑方格网时，应根据总平面图上各建筑物、构筑物、道路及各种管线的布置，结合现场的地形条件来确定。先确定方格网的主轴线 AOB 和 COD，然后再布设方格网。

建筑方格网主轴线测设与建筑基线测设方法相似。首先，准备测设数据。然后，测设两条互相垂直的主轴线 AOB 和 COD。主轴线实质上是由五个主点 A、B、O、C 和 D 组成。最后，精确检测主轴线点的相对位置关系，并与设计值相比较，如果超限，则应进行调整。

建筑方格网主轴线测设后，分别在主点 A、B 和 C、D 安置经纬仪，后视主点 O，向左右测设 $90°$ 水平角，即可交会出田字形方格网点。随后再作检核，测量相邻两点间的距离，看是否与设计值相等，测量其角度是否为 $90°$，误差均应在允许范围内，并埋设标志点。

四、施工场地的高程控制测量

建筑工程施工区域的高程控制网，应布设成闭合环线、附和路线或节点网。大中型施工项目的场区高程测量精度，不应低于三等水准。场区水准点可单独布设在场地相对稳定的区域，也可设置在乎面控制点的标石上。水准点间距宜小于 1 km，距离建（构）筑物不宜小于 25 m，距离回填土边线不宜小于 15 m。

建筑施工场地的高程控制测量一般采用水准测量方法，应根据施工场地附近的国家或城市已知水准点，测定施工场地水准点的高程，以便纳入统一的高程系统。在施工场地上，水准点的密度，应尽可能满足安置一次仪器即可测设出所需的高程。而测图时布设的水准点往往由于场地的平整部分被破坏，因此，还需增设一些水准点。在一般情况下，建筑基线点、建筑方格网点以及导线点也可兼作高程控制点。

为了便于检核和提高测量精度，施工场地高程控制网应布设成闭合或附和路线。高程控制网可分为首级网和加密网，相应的水准点称为基本水准点和施工水准点。基本水准点应布设在土质坚实、不受施工影响、无震动和便于实测，并埋设永久性标志。一般情况下，按四等水准测量的方法测定其高程，而对于为连续性生产车间或地下管道测设所建立的基本水准点，则需按三等水准测量的方法测定其高程。施工水准点是用来直接测设建筑物高程的。为了测设方便和减少误差，施工水准点应靠近建筑物。

此外，由于设计建筑物常以底层室内地坪高 ±0 标高为高程起算面，为了施工和测设方便，常在建筑物内部或附近测设 ±0 水准点。±0 水准点的位置，一般选在稳定的建筑物墙、柱的侧面，用红漆绘成顶部为水平线的"▼"形，其顶端表示 ±0 位置。

第二节 民用建筑的施工测量

民用建筑是指供人们居住、生活和进行社会活动用的建筑物，如住宅、医院、办公楼和学校等，民用建筑分为单层、低层、多层和高层。其类型、结构和层数各不相同，因而施工测量的方法和精度要求也有所不同，民用建筑施工测量就是按照设计的要求将民用建筑的平面位置和高程测设出来。

一、测量前的准备工作

在进行多层民用建筑施工测量前，需要做好以下准备工作。

（一）熟悉图纸

设计图纸是施工测量的主要依据，测设点位之前应充分熟悉各种有关的设计图纸，了解施工建筑物与相邻地物的相互关系以及建筑物本身的内部尺寸关系，准确无误地获取测设工作中所需要的各种定位数据。检查图纸尺寸标示是否有错误，与测设工作有关的设计图纸主要有：建筑总平面图、建筑平面图、基础平面图、基础详图、立面图和剖面图等。

（二）现场踏勘

为了解建筑施工现场上地物、地貌以及原有测量控制点的分布情况，应进行现场踏勘，并对建筑施工现场上的平面控制点和水准点运行检核，以便获得正确的测量数据，然后根据实际情况考虑测设方案。

（三）确定测设方案和准备测设数据

在熟悉设计图纸、掌握施工组织设计和施工进度的基础上，结合现场条件和实际情况，在满足工程测量规范的建筑物施工放样的主要技术要求的前提下，拟定测设方案。测设方案包括测设方法、测设步骤、采用的测量仪器工具、精度要求、时间安排和绘制测设略图。

二、定位测量

由于在开挖基槽时，角桩和中心桩要被挖掉，为了便于在施工中，恢复各轴线位置，应把各轴线延长到基槽外安全地点，并做好标志。其方法有设置轴线控制桩和龙门板两种形式。

（一）设置轴线控制桩

轴线控制桩设置在基槽外，基础轴线的延长线上，作为开槽后各施工阶段恢复轴线的依据。轴线控制桩一般设置在基槽外 2~4 m 处，打下木桩，木桩顶端钉上小钉，准确标出轴线位置，并用混凝土包裹木桩。如附近有建筑物，亦可把轴线投测到建筑物上，用红漆做出标志，以代替轴线控制桩。

（二）设置龙门板

在小型民用建筑施工中，常将各轴线引测到基槽外的水平木板上。水平木板称为龙门板，固定龙门板的木桩称为龙门桩。

三、基础施工测量

（一）基槽抄平

建筑施工中的高程测设，又称抄平。为了控制基槽的开挖深度，当快挖到槽底设计标高时，应用水准仪根据地面上 ±0.000 m 点，在槽壁上测设一些水平小木桩，即水平桩，使木桩的上表面离槽底的设计标高为一固定值如 0.500 m。

为了施工时使用方便，一般在槽壁各拐角处、深度变化处和基槽壁上每隔 3~4 m 测设一水平桩。水平桩可作为挖槽深度、修平槽底和打基础垫层的依据。必要时，可沿水平桩上表面拉上白线绳，作为清理槽底和打基础垫层时掌握高程的依据。

（二）垫层中线投测与高程控制

基础垫层打好后，根据轴线控制桩或龙门板上的轴线钉，用经纬仪或用拉绳挂垂球的方法，把轴线投测到垫层上，并用墨线弹出墙中心线和基础边线，作为砌筑基础的依据。

由于整个墙身砌筑均以此线为准，这是确定建筑物位置的关键环节，所以要严格校核后方可进行砌筑施工。

（三）基础墙抄平与轴线投测

房屋基础墙是指 ±0.000 m 以下的砖墙，它的高度是用基础皮数杆来控制的。

基础施工结束后，应检查基础面的标高是否符合设计要求，也可检查防潮层。可用水准仪测量出基础面上若干点的高程和设计高程进行比较，其允许误差为 ±10 mm。

四、墙体施工测量

（一）首层楼房墙体施工测量

1. 墙体轴线测设

基础施工结束后，应对龙门板或轴线控制桩进行检查复核，以防基础施工期间发生碰动移位。复核无误后，可根据轴线控制桩或龙门板上的轴线钉，用经纬仪（全站仪）或拉线法，把首层楼房的墙体轴线测设到防潮层上，并弹出墨线，然后用钢尺检查墙体轴线的间距和总长是否等于设计值，用经纬仪（全站仪）检查外墙轴线 4 个主要交角是否等于 90°。符合要求后，把墙线延长到基础外墙侧面上并弹线和做出标志，作为向上投测各层楼墙体轴线的依据。同时还应把门、窗和其他洞口的边线也在基础外墙侧面上做出标志。

墙体砌筑前，根据墙体轴线和墙体厚度，弹出墙体边线，照此进行墙体砌筑。砌筑到一定高度后，用吊锤线将基础外墙侧面上的轴线引测到地面以上的墙体上，以免基础覆土后看不见轴线标志。如果轴线处是钢筋混凝土柱，则在拆柱模后将轴线引测到柱身上。

2. 墙体标高测设

墙体砌筑时，其标高用墙身"皮数杆"控制。在皮数杆上根据设计尺寸，按砖和灰缝厚度画线，并标明门、窗、过梁、楼板等的标高位置。杆上标高的注记从 ±0 向上增加。

墙身皮数杆一般立在建筑物的拐角和内墙处，固定在木桩或基础墙上。为了便于施工，采用里脚手架时，皮数杆立在墙的外面；采用外脚手架时，皮数杆立在墙的里面。立皮数杆时，先用水准仪在立杆处的木桩或基础墙上测设出标高线，测量误差在 ±3 mm 以内，然后把皮数杆上的 ±0 标高线与该线对齐，用吊锤校正并用钉牢，必要时可在皮数杆上加两根斜撑。

墙体砌筑到一定高度后（1.5 m）左右，应在内、外墙面上测设出 ±0.50 m 标高的水平墨线，称为 +50 线。外墙的 +50 线作为向上传递各楼层标高的依据，内墙的 +50 线作为室内地面施工及室内装修的标高依据。

（二）二层以上楼房墙体施工测量

每层楼面建好后，为了保证继续往上砌筑墙体时，墙体轴线均与基础轴线在同一铅垂面上，应将基础或首层墙面上的轴线投测到楼面上，并在楼面上重新弹出墙体的轴线，检查无误后，以此为依据弹出墙体边线，再往上砌筑。在这个测量工作中，从下往上进行轴线投测是关键，一般多层建筑常用吊垂线法。

将较重的垂球悬挂在楼面的边缘，慢慢移动，使垂球尖对准地面上的轴线标志，或使吊垂线下部沿垂直墙面方向与底层墙面上的轴线标志对齐，吊垂线上部在楼面边缘的位置就是墙体轴线位置，在此画一条短线作为标志，便在楼面上得到轴线的一个端点，同法投测另一端点，两端点的连线即为墙体轴线。

一般应在建筑物的主轴线都投测到墙面上来，并弹出墨线，用钢尺检查轴线间的距离，其相对误差不得大于 1/3000，符合要求之后，再以这些主轴线为依据，用钢尺内分法测设其他细部轴线。在困难的情况下至少要测设两条垂直相交的主轴线，检查交角合格后，用经纬仪和钢尺（全站仪）测设其他主轴线，再根据主轴线测设其他细部轴线。

吊垂线法受风的影响较大，楼层较高时风的影响更大，因此应在风小的时间作业，投测时应等待吊垂稳定下来后再在楼面上定点。此外，每层楼面的轴线均应直接由底层投测上来，以保证建筑物的总竖直度。只要注意这些问题，用吊垂线法进行多层楼房的轴线投测的精度是有保证的。

墙体标高传递：多层建筑物施工中，要由下往上将标高传递到新的施工楼层，以控制新楼层的墙体施工，使其标高符合设计要求。标高传递一般有以下两种方法：

1. 利用皮数杆传递标高

一层楼墙体砌完并建好楼面后，把皮数杆移到二层继续使用。为了使皮数杆立在同一水平面上，用水准仪测定楼面四角的标高，取其平均值作为二层地面的标高，并在立杆处绘出标高线，立杆时将皮数杆的 ±0 标高线与该线对齐，然后以皮数杆为标高依据进行墙体砌筑。如此同样方法逐层往上传递高程。

2. 利用钢尺传递标高

在标高精度要求较高时，可用钢尺从底层的 +50 标高线起往上直接丈量，把标高传递到二层，然后根据传递上来的高程测设第二层的地面标高线，以此为依据立皮数杆。在墙体砌筑到一定高度后，用水准仪测设该层的 +50 标高线，再往上一层的标高可以以此为准用钢尺传递，以此类推，逐层传递标高。

五、高层建筑施工测量

在高层建筑工程施工测量中，由于高层建筑物的体形大、层数多、高度高，造型多样化建筑结构复杂，设备和装修标准较高。因此，在施工过程中对建筑物各部位的水平位置、垂直度及轴线尺寸、标高等的精度要求都十分严格。对施工测量的精度要求也高。为确保施工测量符合精度要求，应事先认真研究和制订测量方案，拟定出各种误差控制和检核措施，所用的测量仪器应符合精度要求，并按规定认真检校。

此外，由于高层建筑工程量大，机械化程度高，各种工种立体交叉大、施工组织严密，因此施工测量应做好准备工作，密切配合工程进度，以便及时、快速和准确地进行测量放线，为下一步施工提供平面和标高依据。

高层建筑施工测量的工作内容很多，下面主要介绍建筑物定位、基础施工、轴线投测和高程传递等几方面的测量工作。

（一）高层建筑定位测量

1. 测设施工方格网

根据设计给定的定位依据和定位条件，进行高层建筑的定位放线，是确定建筑物平面位置和进行基础施工的关键环节，施测时必须保证精度，因此一般采用测设专用的施工方格网的形式来定位，因为施工方格网精度有保证，检核条件多，使用方便。

施工方格网是测设在基坑开挖范围以外一定距离，平行于建筑物主轴线方向的矩形控制网。为拟建高层建筑的四个大角轴线交点，是施工方格网的 4 个角点。施工方格网一般在总平面布置图上进行设计，先根据现场情况确定其各条边与建筑轴线的间距，再确定 4 个角点的坐标，然后在现场根据城市测量控制网或建筑场地上测量控制网，用极坐标法或直角坐标法，在现场测设出来并打桩。最后还应在现场检测方格网的 4 个内角和 4 条边长，并按设计角度和尺寸进行相应的调整。

2. 测设主轴线控制桩

在施工方格网的四边上，根据建筑物主要轴线与方格网的间距，测设主要轴线的控制桩。例如，1S、1N 为轴线 MP 的控制桩，8S、8N 为轴线 NQ 的控制桩，AW、AE 也为轴线 MN 的控制桩，HW、HE 执为轴线 PQ 的控制桩，测设时要以施工方格网各边的两端控制点为准，用经纬仪定线，用钢尺量距打桩定点。测设好这些轴线控制桩后，施工时便可方便准确地在现场确定建筑物的 4 个主要角点。

因为高层建筑的主轴线上往往是柱或剪力墙，施工中通视和量距困难，为了便于使用，实际上一般是测设主轴线的平行线。由于其作用和效果与主轴线完全一样，为了方便起见，这里仍称为主轴线。除了四廓的轴线外，建筑物的中轴线等重要轴线也应在施工方格网边线上测设出来，与四廓的轴线一起，称为施工控制网中的控制线。一般要求控制线的间距为 30~50 m。控制线的增多，可为以后测设细部轴线带来方便，也便于校核轴线偏差。如果高层建筑是分期分区施工，为满足局部区域定位测量的需要，应把对该局部区域有控制意义的轴线在施工方格网边线上测设出来。施工方格网控制线的测距精度不低于1/10000，测角精度不低于 ±10″。

如果高层建筑准备用全站仪或经纬仪进行轴线测设，还应把投测轴线的控制桩往更远处安全稳固的地方引测，例如，4 条外廓主轴线是今后往高处投测的主轴线，用经纬仪引测，得到 HW1、好 HE1 等 8 个轴线控制桩，这些桩与建筑物的距离应大于建筑物的高度，以免用经纬仪投测时仰角太大。

（二）高层建筑基础施工测量

1. 测设基坑开挖边线

高层建筑一般都有地下室，因此要进行基坑开挖。开挖前，先根据建筑物的轴线控制桩确定角桩以及建筑物的外围边线，再考虑边坡的坡度和基础施工所需工作面的宽度，测设出基坑的开挖边线并撒出灰线。

2. 基坑开挖时的测量工作

高层建筑的基坑一般都很深，需要放坡并进行边坡支护加固，开挖过程中，除了用水准仪控制开挖深度外，还应经常用经纬仪或拉线检查边坡的位置，防止出现坑底边线内收，致使基础位置不够。

3. 基础放线及标高控制

（1）基础放线。基坑开挖完成后，有三种情况：一是直接打垫层，然后做箱形基础或筏板基础，这时要求在垫层上测设基础的各条边界线、梁轴线、墙宽线和柱位线等；二是在基坑底部打桩或挖孔，做桩基础，这时要求在坑底测设各条轴线和桩孔的定位线，桩做完后，还要测设桩承台和承重梁的中心线；三是先做桩，然后在桩上做箱基或筏基，组成复合基础，这时的测量工作是前两种情况的结合。

测设轴线时，有时为了通视和量距方便，不是测设真正的轴线，而是测设其平行线，这时一定要在现场标注清楚，以免用错。另外，一些基础桩、梁、柱、墙的中线不一定与建筑轴线重合，而是偏移某个尺寸，因此要认真按图施测，防止出错。

如果是在垫层上放线，可把有关轴线和边线直接用墨线弹在垫层上，由于基础轴线的位置决定了整个高层建筑的平面位置和尺寸，因此施测时要严格检核，保证精度。如果是在基坑下做桩基，则测设轴线和桩位时，宜在基坑护壁上设立轴线控制桩，以便能保留较长时间，也便于施工时用来复核桩位和测设桩顶上的承台和基础梁等。

从地面往下投测轴线时，一般是用经纬仪投测法，由于俯角较大，为了减小误差，每个轴线点均应盘左、盘右各投测一次，然后取中数。

（2）基础标高测设。基坑完成后，应及时用水准仪根据地面上的 ±0.000 水平线将高程引测到坑底，并在基坑护坡的钢板或混凝土桩上做好标高为负的整米数的标高线。由于基坑较深，引测时可多设几站观测，也可用悬吊钢尺代替水准尺进行观测。

（三）高层建筑的轴线投测

随着结构的升高，要将首层轴线逐层往上投测作为施工的依据。此时建筑物主轴线的投测最为重要，因为它们是各层放线和结构垂直度控制的依据。随着高层建筑物设计高度的增加，施工中对竖向偏差的控制要求就越高，轴线竖向投测的精度和方法就必须与其适应，以保证工程质量。

有关规范对于不同结构的高层建筑施工的竖向精度有不同的要求，见下表，H 为建筑总高度。为了保证总的竖向施工误差不超限，层间垂直度测量偏差不应超过 3mm，建筑全高垂直度测量偏差不应超过 3H/10000；30m<H<60m 时，±10mm；60m<H<90m 时，±15mm；90m<H 时，±20mm。

表　高层建筑竖向及标高施工偏差限差

结构类型	竖向施工偏差限差 /mm		标高偏差限差 /mm	
	每层	全高	每层	全高
现浇混凝土	8	H/1000（最大 30）	±10	±30
装配式框架	5	H/1000（最大 20）	±5	±30
大模板施工	5	H/1000（最大 30）	±10	±30
滑模施工	5	H/1000（最大 50）	±10	±30

高层建筑轴线投测的方法常见有：经纬仪法、吊线坠法、垂准仪法等。

（四）高层建筑的高程传递

高层建筑各施工层的标高是由底层 ±0.000m 标高线传递上来的。高层建筑施工的标高偏差限差见上表。

1. 用钢尺直接测置

一般用钢尺沿建筑物外墙、边柱或楼梯间由底层 ±0.000 标高线向上竖直量出设计高差，即可得到施工层的设计标高线。用该方法进行高程传递时，应至少由三处底层标高线向上传递，以便于相互校核。由底层传递到上面同一施工层的几个标高点必须用水准仪进行校核，检查各标高点是否在同一水平面上，其误差应不超过规范允许范围。合格后以其平均标高为准，作为该层的地面标高。若建筑高度超过一尺段长度，可每隔一个尺段的高度精确测设新的起始标高线，作为继续向上传递高程的依据。

2. 利用皮数杆传递高程

在皮数杆上自 ±0.000 标高线起，门窗口、过梁、楼板等构件的标高都已注明。一层楼砌好后，则从一层皮数杆起一层一层往上传递高程。

3. 悬吊钢尺法

在外墙或楼梯间悬吊一根钢尺，分别在地面和楼面上安置水准仪，将高程传递到楼面上。用于高层建筑传递高程的钢尺应经过检定，量取高差时尺身应铅直并用规定的拉力，并进行温度改正。

第三节　工业建筑的施工测量

在工业建筑中，以厂房为主体，工业厂房一般分为单层厂房和多层厂房，而厂房的柱子又分预制混凝土柱子和钢结构混凝土柱子等。本节介绍最常用的预制混凝土柱子单层厂房在施工中的测量工作，其施工程序为厂房控制网的测设、厂房柱列轴线测设、柱基施工测量和厂房构件的安装测量四个部分。

一、厂房矩形控制网的测设

工业厂房多为排柱式建筑，柱列轴线的测设精度要求较高。因此，常在建筑方格网的基础上建立矩形控制网。首先设计厂房控制网角点的坐标，再根据建筑方格网用直角坐标法把厂房控制网测设在地面上，然后按照厂房跨距和柱子间距，在厂房控制网上定出柱列轴线。具体做法如下：

例如，先根据厂房四个角点的坐标，在基坑开挖线以外 1.5 m 的距离设计（计算）出厂房控制网四个角点 U、T、S、R 的坐标。测设时安置经纬仪在厂区矩形控制网方格点 E 上，瞄准另一方格点 F，用钢尺从 E 点沿 EF 方向精确测设一段距离等于 E、U 两点的横坐标差，定出 M 点。同样，从 F 点测设一段距离等于 F、R 两点的横坐标差，定出 N 点。然后将经纬仪安置在 M 点，根据 MF 方向用正倒镜测设 270°角，定出 MT 方向。沿此方向精确测设在地上定出 MU、MT 两点，打入木桩并在桩顶划 "+"。同法再置仪器于 N 点，定出 R、S 两点，即得厂房控制网 U、T、R、S 四点。最后检查 $\angle T$、$\angle S$ 是否等于 90°，TS 是否等于设计长度，如果角度误差不超过 10″，边长误差不超过 1/10000，则认为符合精度要求。当然，也可以根据厂房角点的设计坐标采用极坐标法标定上述点位。

二、柱列轴线的测设

在厂房矩形控制网测设后，就可在此基础上定出柱列轴线。测设方法为：首先用钢尺在矩形格网各边上按每根柱子的设计间距（或其整数倍，如 12 m、24 m、48 m 等）钉出距离指标桩，然后根据距离指标桩按柱子间距或跨距定出柱列轴线桩（或称轴线控制桩），在桩顶钉上小钉，标明柱列轴线序号，作为基坑放样的依据。

三、柱基施工测量

（一）柱基测设

柱基测设就是根据柱基础平面图和基础大样图的有关尺寸，把基坑开挖的边线用白灰标示出来以便挖坑。为此，需要安置两台经纬仪在相应的轴线控制桩上，根据柱列轴线在地上交出各柱基定位点，然后按照基础大样图的有关尺寸，用特制角尺，根据定位轴线和定位点放出基坑开挖线，用白灰标明开挖范围，并在坑的四周钉四个小木桩，柱顶钉一小钉作为修坑和立模板的依据。在进行柱基测设时，应注意定位轴线不一定都是基础中心线，一个厂房的柱基类型很多，尺寸不一，测设时要特别细心。

（二）基坑抄平

当基坑挖到一定深度时，应在坑壁四周离坑底设计高程 0.3~0.5 m 处设置几个水平柱，作为基坑修坡和清底的高程依据。此外，还应在基坑内测出垫层的高程，即在坑底设置小木桩，桩顶恰好等于垫层的设计高程。

（三）基础模板的定位

打好垫层之后，根据坑边定位小木桩，用拉线的方法，吊垂球把柱基定位线投到基坑的垫层上，然后用墨斗弹出墨线，用红油漆画出标记，作为柱基立模板和布置钢筋的依据。立模板时，将模板底线对准垫层上的定位线，并用垂球检查模板是否竖直，最后将柱基顶面设计高程测设在模板内壁上。

四、厂房构件安装测量

装配式单层工业厂房主要由柱子、吊车梁、屋架、天窗架和屋面板等构件组成，这些构件都是按照一定的尺寸预制的。因此，安装时必须保证使各个部件的位置正确。下面介绍柱子、吊车梁和吊车轨道等构件的安装与校正工作。

（一）柱子的安装测量

柱子安装之后应满足以下设计要求：柱脚中心线必须对准柱列中心线；柱身必须竖直，柱顶面高程应与设计值相同。具体做法如下。

1. 吊装前的准备工作

柱子吊装以前，应根据轴线控制桩把定位轴线投测到杯形基础顶面上，并用墨线标明，同时还要在杯口内壁测设一条标高线，使从标高线向下量取一个整分米数即到杯底的设计标高，并在柱子的三个侧面均弹出柱中心线和高程标志，以便安装校正。

2. 柱长检查与杯底抄平

杯底高程加上柱子的设计长度 L，应等于柱顶（称为牛腿面）高程 H2。但柱子在制作时由于工艺和模板等原因，不可能使柱子的实际尺寸和设计尺寸一样，为了解决该问题，往往在浇注基础时把基础底面标高降低 2~5 cm，然后用钢尺从牛腿顶面沿柱子边量到柱底，按照各个柱子的实际长度，用砂浆在杯底进行找平，使牛腿面高程等于设计高程，允许误差为 ±5 mm。

3. 安装柱子时的竖直校正

柱子插入杯口后则用楔子临时将其固定，首先应使柱身基本垂直，然后敲击楔子，使柱底中线与杯口中线对齐，偏差不超过 ±5 mm。接着进行柱子竖直校正，用两台经纬仪分别安置在互相垂直的两条柱列中线上，离开柱子的距离约为柱高的 1.5 倍。先瞄准柱子下部中心线，再抬高望远镜，检查柱中心线是否一直在同一竖直面内。如有偏差，则指挥吊装人员用拉线进行调整。正镜使柱子定位后，立即倒镜再测量一次，如正、倒镜观测结果有偏差，则取其中数再进行调整，直至竖直为止。

在实际工作中，往往是把数根柱子都竖起来同时进行校正。这时，可把仪器安置在轴线的一侧，并尽可能地靠近轴线，与中心线的夹角 β 不超过 15°。这样一次可以校正数根柱子。

（二）吊车梁的安装测量

吊车梁的安装应满足下列要求：梁顶高程与设计高程一致，梁的上下中线应和吊车轨道的设计中心线在同一竖直面内。具体做法是：

1. 牛腿面抄平

用水准仪根据水准点检查柱子 ±0 标高，如具检测误差不超过 ±5 mm，则原 ±0 标高不变，如果误差超过 ±5 mm，则重新测设 ±0 标高位置，并以此结果作为修正牛腿面的依据。

2. 吊车梁的中心线投点

根据控制桩或杯口柱列中心线，按设计数据在地面上测出吊车梁的中心线点，钉木桩标志。然后安置经纬仪于一端后视另一端，抬高望远镜将吊车梁中心线投到每个牛腿面上，如果与柱子吊装前所画的中心线不一致，则以新投的中心线作为定位的依据。

3. 吊车梁的安装

在吊车梁安装前，已在梁的两端以及梁面上弹出梁中心线的位置。因此，使梁中心线和牛腿面上的中心线对齐即可。

（三）吊车轨道安装测量

安装吊车轨道前，先要对吊车梁上的中心线进行检测，此项检测多用平行线法。首先在地面上从吊车轨道中心线向厂房中心线方向量出 1 m 长度，得平行线 EE'。然后安置经纬仪于平行线一端 E 点上，瞄准另一点 E′。固定照准部，仰起望远镜投测。此时，另一人在梁上移动横放的木尺，当视线正对木尺上 1 m 刻画时，尺的零点应与梁面上的中心重合。如不重合应予校正。同法可检测另一条吊车轨道中心线。

吊车轨道中心线安装就位后，可将水准仪安置在吊车梁上，水准尺直接放在轨道顶上进行检测，每隔 3 m 测一点高程，与设计高程相比较，误差应在 ±3 mm 以内。最后还要用钢尺检查两吊车轨道间跨距，与设计跨距相比较，误差不得超过 ±5 mm。

第四节　建筑物的变形观测

随着我国经济的发展，各种复杂而大型的建筑物日益增多。在建筑物的建造过程中，由于建筑物基础的地质构造不均匀，土壤的物理性质不同，大气温度的变化，土基的塑性变形，地下水位季节性和周期性的变化，建筑物本身的荷重，建筑物的结构及动荷载的作用等，使建筑物发生沉降、位移、挠曲、倾斜及裂缝等现象，为了不影响建筑物的正常使用，保证工程质量和安全生产，必须在建筑物建设之前、建设过程中，以及交付使用期间，对建筑物进行变形观测。目前，变形观测已成为工程建设中十分重要的测量工作。

建筑物的变形观测主要是根据具体工作布设基准点和变形点，能对建筑物进行沉降观测、水平位移观测、倾斜观测、裂缝观测和数据处理。

随着建筑物的建造，建筑物的基础和地基所承受的荷载不断增加，引起基础及其四周地层的变化，而建筑物本身因基础变形及其外部荷载与内部应力的作用，也要发生变形。这种变形在一定范围内可视为正常现象，但如果超过某一限度就会影响建筑物的正常使用，严重的还会危及建筑物的安全。为了建筑物的安全使用，在建筑物施工和使用期间需要进行建筑物的变形观测。通过建筑物的变形观测所取得的数据，可分析和监视建筑物变形的情况，当发现有异常变化时，可以及时分析原因，采取有效措施，以保证工程的质量和安全生产，同时也为今后的设计积累资料。

建筑物变形的表现形式，主要为沉降、水平位移和倾斜，有的建筑物也可能产生挠曲和扭转，当建筑物的整体性受到破坏时，则可能产生裂缝。

变形指相对于稳定点的空间位置变化，所以在进行变形观测时，必须以稳定点为依据。这些稳定点称为基准点或控制点，变形观测同样遵循"先控制后碎部"的原则。

一、基准点的布设

无论是水平位移的观测还是垂直位移的观测，都要以稳固的点作为基准点，以求得变形点相对于基准点的位置变化。用作水平位移观测的基准点，要构成三角网、导线网等；对于用作垂直位移观测的基准点需构成水准网。由于对基准点的要求主要是稳定，所以都要选在变形区域以外，且地质条件稳定，附近没有震动源的地方。对于一些特大工程，如大型水坝等，基准点距变形点较远，无法根据这些点直接对变形点进行观测，所以还要在变形点附近相对稳定的位置，设立一些可以利用来直接对变形点进行观测的点作为过渡点，这些点称为工作基点。工作基点离变形体较近，可能也有变形，因而也要周期性地进行观测。

高程基准点的数目不应少于 3 个，因为少于 3 个时，如果有一个发生变化，就难于判定哪一点发生了变化。根据地质条件的不同，高程基准点（包括工作基点）可采用深埋式或浅埋式水准点。深埋式是通过钻孔埋设在基岩上；浅埋式的与一般水准点相同。点的顶部均设有半球状的不锈钢或铜质标志。

二、变形点的布设

在变形观测时，不可能对建筑物所有点都进行观测，而只是观测一部分有代表性的点，这些点称为变形点或观测点。变形点要与建筑物固定在一起，以保证它与建筑物一起变化。变形点要设立标志，变形点的位置和数量，要能够全面反映建筑物变形的情况，并顾及便于观测。

高层建筑物应沿其周围每隔 15~30 m 设一点，房角、纵横墙连接处以及沉降缝的两侧均应设置观测点。工业厂房的观测点可布置在基础柱子、承重墙及厂房转角、大型设备基础及较大荷载的周围。桥墩则应在墩顶的四角或垂直平分线的两端设置观测点。总之，观测点应设置在能表示出沉降特征的地点。

观测点的标志通常采用角钢、圆钢或铆钉，其高度应高出地面 0.5 m 左右，以便立水准尺。

三、沉降观测

（一）沉降观测时间

沉降观测时间和精度应根据工程性质、工程进度、地质条件、荷载增加情况以及沉降情况等因素综合考虑。一般认为建筑在砂类土层上的建筑物，其沉降在施工期间已大部分完成，而建筑在黏土类土层上的建筑物，其沉降在施工期间只是整个沉降量的一部分，因而，沉降周期是变化的。通常在施工阶段，观测周期具体应视施工过程中地基与加荷而定。一般建筑物每 1~2 层楼面结构浇筑完成后就观测一次。如果中途停工时间较长，应在停工时和复工前各进行沉降观测一次。工程竣工后，应连续进行观测，观测时间间隔视沉降量的大小和速度而定。开始时，间隔短一些，以后随沉降速度的减慢，可逐渐延长观测周期直至沉降稳定为止。

（二）沉降观测的方法

一般精度要求的沉降观测，可以采用 DS3 型水准仪进行观测。沉降观测前应根据观测点、水准点设置情况，结合施工现场情况，把安置仪器位置、转点位置、观测点编号以及观测路线等固定下来，且各次观测均按此路线进行。观测应在成像清晰、稳定的条件下进行。仪器离前后视水准尺的距离要用皮尺丈量，或用视距法测量，视距一般不应超过50 m。前后视距应尽量相等。前后视距用同一根水准尺。观测时先后视水准点，接着依次前视各观测点，最后再次后视水准点，前后两次读数之差不应超过 ±1 mm。

（三）成果整理

每次沉降观测之后，首先检查数据的记录和计算是否正确，检验精度是否符合要求，然后调整高差闭合差，继而推算各观测点的高程，最后计算各观测点的本次沉降量和累计沉降量，并将计算结果、观测时间和荷载情况，一并记入沉降量观测记录表内。

（四）沉降观测曲线绘制

为了更加形象表达沉降、荷载和时间的相互关系，根据测量的数据绘成沉降曲线，横坐标为观测时间，纵坐标上部为荷载变化情况，下部为对应的沉降变形情况。从沉降曲线图中可以预估下一次观测点的大约沉降量和沉降过程是否趋于稳定状态。

一些高耸的建（构）筑物，如电视塔、烟囱、高桥墩和高层楼房等，往往会发生倾斜。为了掌握建筑物的倾斜情况，需要对建筑物进行倾斜观测。

（五）注意事项

（1）工作基点的选择一定要稳固可靠，观测基点与建筑物固定一起。

（2）观测仪器要经过检验与校正，且观测人员要具有较高的观测水平。

（3）在数据观测和处理过程中，一定要认真。

四、倾斜观测

（一）一般建（构）筑物的倾斜观测

确定基准点和观测点：在建筑物顶部布设观测点见在距该墙面大于建筑物高度的 1.5 倍处，设置基准点 0，安置经纬仪对中整平，分别利用正倒镜精确瞄准 M 点，将点 M 向下投测得 N 点，作一标记。在与投测方向垂直的另一方向，利用同样的方法，建筑物上部观测点 P 和其投测点 Q。

注意：如果确信建筑物是刚性的，也可以通过测定基础不同部位的高程变化来间接求算。

（二）塔式构筑物的倾斜观测

高耸塔式构筑物如水塔、电视塔及烟囱等的倾斜观测是测定其顶部中心与底部中心的偏心距和倾斜度。其观测方法常用纵横轴线法。其原理和方法如下所述。

现以烟囱为例，在烟囱底部横放一根标尺，在标尺的中垂线方向上安置经纬仪。经纬仪距烟囱的距离大于烟囱高度的 1.5 倍。用望远镜观测与烟囱顶部和底部边缘点 A 和 A'，B 和 B' 分别投测到标尺上得到 Y_1、Y_1'、Y_2、Y_2' 四点。烟囱顶部中心 O 点对底部中心 O' 在 Y 轴方向上的偏心距分量 ΔY 为：$\Delta Y = (Y_1 - Y_1')/2 - (Y_2 + Y_2')/2$

同法可测得与 Y 轴方向垂直的 X 轴方向上烟囱顶部 O 对顶部 O' 的偏心距分量 ΔX 为 $\Delta X = (X_1 + X_1')/2 - (X_2 - X_2')/2$

五、裂缝观测

当建筑物发生裂缝之后，应立即进行全面检查，对裂缝进行编号，画出裂缝分布图，然后进行裂缝观测。观测每一裂缝的位置、走向、长度、宽度和深度。每条裂缝至少应布设两组观测标志，一组在裂缝最宽处，另一组在裂缝末端。观测期较长时，可采用镶嵌或埋入墙面的金属标志定期观测；观测期较短或要求不高时可采用属片标志。如用两片白铁皮，一片为边长 150 mm 左右的正方形，固定在裂缝的一侧；另一片为 50 mm × 200 mm 的长方形，固定在裂缝的另一侧，并使其中的一部分紧贴在正方形的铁皮上，然后在两片铁皮上涂上红色油漆。当裂缝继续发展时，两片涂有红漆的铁皮随着裂缝加宽逐渐被拉开，在固定的正方形铁皮上就会露出原来的底色，其宽度即为裂缝增加的宽度，可用直尺直接量取。

裂缝观测的周期应视裂缝变化速度而定。通常开始可半月测一次，以后一月左右测一次。当发现裂缝加大时，应增加观测次数，直至几天或逐日一次的连续观测。

第五节　竣工测量

竣工测量是指各种工程建设竣工、验收时所进行的测绘工作。竣工测量的最终成果就是竣工总平面图，它包括反映工程竣工时的地形现状、地上与地下各种建筑物、构筑物以及各类管线平面位置与高程的总现状地形图和各类专业图等。竣工总平面图是设计总平面图在工程施工后实际情况的全面反映和工程验收时的重要依据，也是竣工后工程维修、改扩建的重要基础技术资料。因此，工程单位必须十分重视竣工测量。

竣工测量包括室外测量工作和室内竣工平面图编绘工作。

一、室外测量

对于较大的矩形建筑物要测四个主要房角坐标，小型房屋可测其长边两个房角坐标，并量其房宽注于图上。圆形建筑物应测其中心坐标，并在图上注明其半径。

（一）架空管线支架测量

要求测出起点、终点、转点支架中心坐标，直线段支架用钢尺量出支架间距及支架本身长度和宽度等尺寸，在图上绘出每一个支架位置。如果支架中心不能施测坐标时，可施测支架对角两点的坐标，然后取其中数确定，或测支架一长边的两角坐标，量出支架宽度标注于图上，如果管线在转弯处无支架，则要求测出临近两支架中心的坐标。

（二）电讯线路测量

对于高压、照明及通信线路需要测出起点、终点坐标及转点杆位坐标，高压铁塔要测出基础两对角点的坐标，直线部分的电杆可用交会法确定其点位。

（三）地下管线测量

上水管线应施测起点、终点、弯头三通点和四通点的中心坐标，下水道应施测起点、终点及转点井位中心坐标及井底高程，地下电缆及电缆沟应施测其起点、终点、转点的中心坐标。

（四）交通运输线路测量

厂区铁路应施测起点、终点、道岔中心、进厂房点和曲线交点的坐标，同时要求标出曲线元素，包括半径、偏差、切线长和曲线长。

厂区和生活区主要干道应施测交叉路口中心坐标，公路中心线则按铺装路面量取。对于生活区建筑物一般可不测坐标，只在图上表示位置即可。

二、竣工总平面图的编绘

编绘竣工总平面图的室内工作主要包括竣工总平面图、专业分图和附表等的编绘。

总平面图既要表示地面、地下和架空的建构筑物平面位置，还要表示细部点坐标、高程和各种元素数据，图面相当密集。因此，比例尺的选择以能够在图面上清楚地表达出这些要素、用图者易于阅读、查找为原则，一般选用1/1000的比例尺，对于特别复杂的厂区可采用1/500的比例尺。

对于一个生产流程系统，如炼钢厂、轧钢厂等，应尽量放在一个图幅内，如果一个生产流程的工厂面积过大，也可以分幅，分幅时应尽量避免主要生产车间被切割。

对于设施复杂的大型企业，若将地面、地下、架空的建构筑物反映在同一个图面上，不仅难以表达清楚，而且给阅读、查找带来很多不便。尤其现代企业的管理是各有分工的，如排水系统、供电系统、铁路运输系统等，因此除了反映全貌的总图外，还要绘制详细的专业分图。

竣工总平面图上应包括建筑方格网点、水准点、厂房、辅助设施、生活福利设施、架空与地下管线、铁路等建筑物或构筑物的坐标和高程，以及厂区内空地和未建区的地形。

有关建筑物、构筑物的符号应与设计图例相同，有关地形的图例应与国家地形图图式符号一致。

总图可以采用不同的颜色表示出图上的各种内容，例如，厂房、车间、铁路、仓库、住宅等以黑色表示，热力管线用红色表示，高、低压电缆线用黄色表示，通讯线用绿色表示，而河流、池塘、水管用蓝色表示等。

在已编绘的竣工总平面图上，要有工程负责人和编图者的签字，并附有下列资料：测量控制点布置图、坐标及高程成果表；每项工程施工期间测量外业资料，并装订成册；对施工期间进行的测量工作和各个建筑物沉降和变形观测的说明书。

参考文献

[1] 石杏喜 . 工程测量 [M]. 北京：国防工业出版社，2016.

[2] 常玉奎，金荣耀 . 建筑工程测量 [M]. 北京：清华大学出版社，2012.

[3] 卜雄洙 . 工程测量误差与数据处理 [M]. 北京：国防工业出版社，2015.

[4] 杜文举 . 工程测量 [M]. 成都：西南交通大学出版社，2016.

[5] 赵树青，孟凡涛 . 工程测量技术 [M]. 济南：山东大学出版社，2015.

[6] 赵俊岭 . 工程测量技术 [M]. 北京：机械工业出版社，2013.

[7] 孔祥元，郭际明 . 控制测量学：上册 [M]. 武汉：武汉大学出版社，2015.

[8] 胡荣明 . 城市地铁测量安全技术 [M]. 徐州：中国矿业大学出版社，2013.

[9] 冯大福 . 矿山测量 [M]. 武汉：武汉大学出版社，2013.

[10] 杨浩 . 相对变形测量工程实践与研究 [M]. 郑州：郑州大学出版社，2016.

[11] 匡书谊，吴小燕，万治璋 . 建筑工程测量 [M]. 北京：北京理工大学出版社，2011.